•农民致富关键技术问答丛书•

肉兔快速养殖关键技术问答

赵辉玲　程广龙　王云平　编著

北京市科学技术协会支持出版

中国林业出版社

本书使用说明

● 本书配有 VCD 光盘，光盘与图书结合，充分发挥图书和视频的各自优势，生动直观，实用性强。

● 光盘中的视频目录一目了然，通过操作很容易切换相应的视频。

● 通过图书目录可检索光盘中相应的视频内容。

● 通过光盘视频目录，可检索光盘视频所讲内容在书中的位置。

图书在版编目（CIP）数据

肉兔快速养殖关键技术问答/赵辉玲，程广龙，王云平编著．-北京：中国林业出版社，2008.3（2009.3 重印）

（农民致富关键技术问答丛书）

ISBN 978-7-5038-5176-6

Ⅰ. 肉…　Ⅱ. 赵…　Ⅲ. 肉用兔-饲养管理-问答　Ⅳ. S829.1-44

中国版本图书馆 CIP 数据核字（2008）第 013409 号

出版：中国林业出版社（100009　北京市西城区刘海胡同 7 号）

网址：http：//www.cfph.com.cn

E-mail：public.bta.net.cn　电话：83224477

发行：新华书店北京发行所

印刷：北京昌平百善印刷厂

版次：2008 年 4 月第 1 版

印次：2009 年 3 月第 2 次

开本：850mm×1168mm　1/32

定价：12.00 元

（随书赠 VCD 光盘）

前　言

养兔业是一个新兴的养殖业，是现代畜牧业的重要组成部分。家兔按其经济用途不同可分为肉用、皮用和毛用三大类。而肉兔在我国的起步最早，群众基础也最为广泛。尤其是在北部一些省市及西南的四川等省，肉兔饲养近几年发展很快，已成为一些地区，特别是一些贫困地区的支柱产业，成为农民脱贫致富的重要途径之一，也成为当地经济发展的一个新的增长点，受到各级政府的高度重视，深受农民的欢迎。大力发展肉兔饲养业，适合我国国情，其潜力巨大，意义深远。

兔肉肉质细嫩，营养丰富，味道鲜美，具有高蛋白、低脂肪、低胆固醇的独特优点，是集“保健、益智、美容”为一体的高级肉食品。发展肉兔养殖，已经一改过去的粗放型、零散型、家庭副业型为集约化、规模化、专业化、科学化的养殖模式，经济效益也成多倍的增长。

为使广大农民朋友和养殖户更科学、更全面地掌握肉兔养殖技术，笔者根据自己多年技术推广经验，结合各地先进的技术成果，认真编写了这本小册子。以问答的形式详细介绍了肉兔的生物学习性和品种，肉兔的营养需求特点，肉兔日粮科学配方，兔场、兔舍的设计与建造，肉兔的饲养与管理以及肉兔的疾病防治等内容。最后，在每个问答的后面附加了相应的“特别提示”，简明扼要，突出重点，可供肉兔养殖技术人员以及广大农民朋友参考。

由于编著时间紧迫，加之作者水平有限，错误和不当之处在所难免，恳请广大科技工作者和生产者批评指正。

在该书的编写过程中，参阅和引用了诸多研究资料，特向有关作者表示衷心的感谢！

编著者

2008 年 1 月

目录

7 肉兔的繁殖技术

8 兔的产品加工及利用

9 肉兔疾病防治

《肉兔快速养殖关键技术问答》VCD 光盘视频目录

肉兔养殖前的盘算

> 世界养兔协会和我国养兔专家共同得出结论：一只母兔在40个月内，连同后代可产2万千克兔肉，按目前国内市场价格算，价值24万元，纯利润5万元；按出口价格算，价值144万元，纯利润24万元。而相同时间一头母猪产1.2万千克猪肉，母牛、母羊仅产450千克肉，而种兔成本仅相当于猪的18%，羊的6%，养殖效益远高于猪牛羊。

1 肉兔养殖有哪些经济优势?

肉兔的饲料要求 肉兔是节粮型的食草动物，它能有效地利用植物蛋白和部分粗纤维素。它食野草、树叶、青菜、藤蔓和各种农副产品，不需要更多的粮食。兔日粮中精料比例大了，反而多病养不好。原粮一般在肉兔的日粮配方中占25%左右，而在猪则要占60%。对苜蓿粉蛋白质的消化率，猪低于50%，兔约为75%；对粗纤维消化率，猪的仅为3%~25%，兔的为63%~78%。生产1千克猪肉需消耗3~4千克精料，而生产1千克兔肉，用30千克饲草就能得到。生产羊肉、牛肉比兔肉所需的消化能量分别高50%和75%。猪和鸡所需的消化能虽然与兔相近或稍低，但猪、鸡属精料型畜、禽，营养供给要求高，成本大，而且与人争粮。

肉兔的繁殖力 肉兔的繁殖力极强，一只母兔一年产5~6胎，每胎产仔6~8只，以每只2~5月龄商品兔2.5千克计算，每只母兔可年提供商品兔100千克以上。因此，肉兔的总产肉量要高于其他家畜。一头母牛产肉仅相当于母体的1倍；一只母羊年产肉也才相当于它母体的1.5倍；一头好的母猪年产肉可相当于其体重的10倍；而一只母兔年产兔肉相当于母体的20倍以上。

肉兔的饲料转化率 兔是以草换肉、以草换蛋白质转化率最高的家畜。以产肉能力为例，单位草地面积产肉量，养兔所获得的蛋白质和能量均比其他畜禽高(表1-1)。

表1-1 每公顷草地畜禽生产能力比较

畜种	蛋白质(千克)	能量(兆焦)
肉兔	180	422.8
家禽	92	262.7
猪	50	451.2
羔羊	23~43	120~308.6
肉牛	27	177.1

肉兔的产肉能力 从肉兔利用日粮能量产肉的能力来看，也较其他家畜高。据报道，每生产1千克肉所需要的消化能，兔为684.5兆焦，肉牛为1284.7兆焦，绵羊为1120兆焦，猪为671.1兆焦，鸡为517.2兆焦。由此可见，兔仅高于鸡而略高于猪，但猪、鸡饲粮以精料为主，而兔则以饲草为主，饲养肉兔对粮食的依赖程度远低于猪、鸡，兔肉的营养价值也高于猪肉和鸡肉。

兔肉品质 兔肉的营养价值极高，它含蛋白质高达21%，而牛肉为17.4%，羊肉16.5%，鸡肉18.6%，猪肉只有15.7%。兔肉含有人体所需要的特殊营养物质，其中含磷脂量高于胆固醇的

25 倍，其他家畜不能相比。磷脂可抑制胆固醇沉积，缓解动脉硬化，降低冠心病和高血压病的发病率，而且还是大脑的重要组成成分。兔脑还含有宇航员所需要的营养物质。所以，多吃兔肉不仅可以健身，还可以健脑。人对兔肉的消化率高达 85%，而牛肉只有 55%，羊肉 68%，鸡肉 50%，猪肉 75%(表 1-2)。

表 1-2　兔肉和其他肉营养成分比较

营养成分	兔肉	猪肉	牛肉	羊肉	鸡肉
蛋白质(%)	21.0	15.7	17.4	16.5	18.6
脂肪(%)	8.0	26.7	25.1	21.3	4.9
赖氨酸(%)	9.6	3.7	8.0	8.7	8.4
胆固醇(毫克/100 克)	65	126	106	60～70	69～90
消化率/(%)	85	75	55	68	50

兔肉既有高消化率、高蛋白质、高磷脂的“三高”特点，又有低脂肪、低胆固醇、低脲胺的“三低”特点。这“三高三低”的兔肉对高血压、肥胖症、心脏病和动脉硬化症患者都是十分理想的食疗营养珍品。

发展皮肉兔生产，能扩大肥料的来源。兔粪含氮、磷、钾成分比其他畜禽都高。每 50 千克兔粪的肥效相当于 500 千克猪粪或 50 千克人粪尿。一只成兔每年可产 100 千克优质肥料，10 只成兔相当一头猪积粪量，而等于 10 头猪粪的肥效。一年饲养 150 万只兔，所积粪便的肥效相当于一个万吨化肥厂。经过生产试验，施用兔粪不仅能增产，而且有杀菌、防虫和压碱的作用(表 1-3)。

发展肉兔的生产，可为轻工业提供原料。兔虽小，但全身是宝。除了兔肉可供人们食用外，兔皮轻便、柔软、保温性好，是裘皮工业的重要原料。通过鞣制加工后，可制成兔皮大衣、褥子、领子、帽子、手套、围巾等等。兔骨含钙 27.4%，含磷 18.3%，可以制成骨粉，作为畜禽补充矿物质饲料，也可做肥料。兔血，

表1-3 各种家畜粪尿成分

类别	水分	氮	磷	钾
兔粪(%)	66.6	2.60	2.30	0.30
兔尿(%)	55.4	0.92	11.20	24.20
牛粪(%)	83.0	0.29	0.17	0.10
马粪(%)	75.8	0.44	0.32	0.35
猪粪(%)	82.0	0.65	0.25	0.30
羊粪(%)	65.5	0.60	0.30	0.15
鸡粪(%)	56.0	1.60	0.80	0.50

可制成血粉做鸡、猪饲料和农作物的肥料，兔胡须则是制作上等毛笔的原料。

特别提示

专家们认为：21世纪兔肉是人类获取动物蛋白质的主要来源之一。也就是说，那时候人类需求蛋白质的1/3将来源于兔肉。据统计，1995年我国生产兔肉26.7万吨，占总肉量5‰左右，目前人均只有几十克兔肉，实在是太少了！一般市场上实难觅购，而太多的肥猪肉又充斥和积压在肉案上。据实践证明，相同数量的苜蓿喂肉兔和肉牛所获产肉量，兔是牛的5倍。如果我国减少1个百分点的猪肉生产，用同样的饲料去喂兔，就可以生产3个百分点的兔肉。

2 制约兔肉市场发展的因素有哪些?

市场的四重制约

①兔肉始终没有形成民族或区域性的消费习惯。

②由于肉兔屠宰率低，价格一直高于其他肉类，而不能形成

价格优势。

③有一些地区有习俗偏见，认为吃兔肉生下的孩子是豁唇。

④体制的不健全，生产归农牧部门，收购归商业部门，加工归食品公司，出口归外贸部门，没有统一的管理部门，没有合理的利益分配，各自为政，很难形成一体化的优势。

外销体制因素的制约 主要是购销渠道混乱，收购时互相抬价，出口时相互压价。价格大战的结果给外商以实惠和供求信息，给农民以滞后的信息误导。

原有加工规格以及农药残留问题也影响了出口 从目前的国内市场看，兔肉市场又有了转机，消费需求量增加。经济的发展使兔肉具有高蛋白、低脂肪、低胆固醇等优点，符合人们的饮食要求。很多城市出现了兔肉餐馆，福建省建成数个兔肉市场，四川省在兔产品加工方面也有了长足的发展。

特别提示

我国兔肉年产量占世界总产量的10%左右，贸易量占国际贸易量60%左右。但多年来我国一直不能主宰国际兔肉市场，反而受制于人，以至于国内兔肉生产呈现周期性波动，其主要原因来自市场和销售体制的制约。

3 肉兔生产中存在哪些问题?

发展肉兔饲养，首先应重视选种选育，其次要控制规模，加强引导及管理，避免一哄而上。虽然肉兔发展前景看好，市场潜力很大，但是缺乏管理及宏观引导，为获取高额利润，有的以次充好，用一般商品兔代替优良种兔，出售给广大场、户，再低价回收二代商品兔，然后又以种兔名义售出，获取高额利润，却给广大场、户造成巨大经济损失；有的盲目扩大生产规模，造成饲草紧张，成本上涨，无法及时回收加工，也给饲养户造成不必要的损失。因此适度控制饲养规模，加强管理，才能有利于肉兔饲养业的健康发展。对肉兔生产进行综合开发利用，降低生产成本，使国内市场产销价符合当前实际消费水平；立足国内市场，开发传统加工工艺及地方风味，使肉兔市场由外销向内销转移，这对稳步发展我国肉兔饲养具有重要战略意义。

兔肉市场随着整个社会需求的增加和国内肉食结构的变化，国内市场销售形势较乐观。目前，养殖中，不要盲目追求养大型兔，因为其生产期长，饲料报酬低，应以发展中型肉兔为主。如：新西兰兔、加利福尼亚兔、安阳灰兔、哈白兔、虎皮黄兔等。

由于兔肉营养价值排在肉类前列，因此其潜力是很大的。但由于消费习惯等影响，兔肉市场一直还未全面打开，以致最近不少地区肉兔价格急剧下降。近几年我国兔肉市价升跌幅度较大，但均价基本持平。即年初与年末较高，维持在每千克 9 ~ 10 元，5 ~ 8 月份受季节因素影响，价格下浮到 6 ~ 7 元。地区间差价较大，一般南方沿海城市价高，内地价低。根据计算，即使肉兔价格保持在每千克 6 元，经营者仍将有利可图。以战略眼光来看，肉兔业发展前景是很好的，这是由兔肉具有“三高三低”特性决定的，不仅国内市场对兔肉的消费量增加，而且国际市场对兔肉需求量也在增加。随着国民消费习惯的逐渐改变，以及兔肉深加工技术的进步，养肉兔是好项目。

特别提示

适度控制饲养规模，加强管理，才能有利于肉兔饲养业的健康发展。对肉兔生产进行综合开发利用，降低生产成本，使国内市场产销价符合当前实际消费水平；立足国内市场，开发传统加工工艺及地方风味，使肉兔市场由外销向内销转移，这对稳步发展我国肉兔饲养具有重要战略意义。

肉兔的生物学特性

所有的肉兔品种都是经过杂交驯化而来的，因而生活习性基本相同，了解它们的特性，对科学养殖是必不可少的。

4 肉兔有哪些消化特点？

肉兔的肠管特别长，尤其是它的盲肠特别长，这有利于它对粗纤维的消化吸收。肉兔在回肠与盲肠相接处，有一个中空的器官叫“圆小囊”，这和其他家畜有所不同，它的主要功能是分泌碱性液体，有利于发酵消化。

肉兔具有夜间食自己软粪的习性。这是一种正常的生活习惯，有利于营养再吸收。因此，肉兔和其他家畜相比，它对粗纤维（粗饲料）的利用率更高。

当肉兔的消化道出现炎症时，肠壁的渗透性就明显提高，特别是幼兔。因此，仔兔患肠胃病时易出现中毒死亡，这也是影响仔幼兔成活率的主要原因。

特别提示

肉兔的肠管特别长，这有利于它对粗纤维的消化吸收；肉兔和其他家畜相比，它对粗纤维（粗饲料）的利用率更高。

5 肉兔的体温有什么变化规律?

肉兔的正常体温为38.5～39.8℃。体温调节虽与其他家畜基本相同，但还有不同之处。兔汗腺不发达，被毛又厚，主要靠呼吸散热，并且又有一定限度，所以高温对兔是十分有害的。当外界温度由20℃上升到35℃时，成兔呼吸次数由每分钟45次增加到200次以上，这时由正常的呼吸变成热喘息，极易发生中暑死亡。

兔的体温不如其他家畜稳定。在不同的季节或一昼夜中的不同时间，兔的体温随着外界气温的变化而有所变化，一般相差2～3℃；不同的品种和不同年龄的兔，体温变化不尽相同，一般均差0.5～2℃。新生仔兔，到睁眼时体温才能衡定，满月后，对外界气温才有一定的适应能力。故在低温季节培育仔兔，给予一定的保温措施是十分必要的(见表2-1)。

表2-1 肉兔正常生理常数

	平均数	变化范围
寿命(年)	5	最长12
生殖年限(年)	3	
体温(℃)	38.9	38.3～39.8
血量(毫升/100克体重)	5.4	4.5～8.1
血红蛋白(克/升)	11.9	8～15
红细胞(百分/厘米^3)	5.4	4.5～7
血　沉(厘米/升)	2.0	1～3
白细胞(千/厘米^3)	8.9	5.2～12
嗜中性	4.1	2.5～6
嗜碱性	0.45	0.15～0.75
嗜酸性	0.18	0～0.4
淋巴球	3.5	2.0～5.6
单核球	0.12	0.3～1.3
血小板(千/厘米^3)	533.0	170～1120
血液pH	7.35	7.01～7.57

特别提示

肉兔的正常体温为38.5～39.8℃。兔的体温不如其他家畜稳定，不同季节、不同年龄的肉兔体温变化不尽相同。

6 肉兔有哪些繁殖特性?

肉兔除了繁殖力强之外，它最大的特点是诱导性排卵。就是说虽然不在发情期，通过某种条件的刺激，也能使它发情排卵。利用这一特点可提高它的受胎率。

7 肉兔有哪些生长发育特性?

兔的生长发育迅速，早熟性强，兔在胚胎期和出生后生长都很迅速。中型兔胚胎期的第10天，胚胎重仅7毫克左右，第20天达到3.6克。出生后初生重50～55克，30日龄为500克，便达到初生重的10倍左右。此与兔乳的营养特别丰富有密切关系。兔乳的蛋白质和脂肪含量，均为猪、牛、羊乳含量的2～3倍以上；矿物质钙、磷含量为其2倍以上。至60日龄时生长亦快，体重可达成年兔的40%左右；3月龄达到50%～60%；8月龄基本上达到成年体重。而且早熟性强，肉兔90～100日龄便可屠宰供食用。

兔的被毛丰厚，有换毛的特性。换毛随季节和年龄而变化。春季换冬毛为夏毛，被毛稀疏，便于散热，为生理性防暑行为。秋季换夏毛为冬毛，被毛浓密，为生理性防寒保暖行为。幼兔换毛为年龄性换毛。初生至30日龄生长乳毛，约至3月龄时，第1次换毛，4～6月龄进入第2次换毛。至6.5～7.5月龄以后便进入季节性换毛。此外，有不定期换毛，与兔的体质和营养有关。脱毛多因疾病引起，为非正常现象。兔的汗腺很不发达，体表散热能力较差。兔有不发达的皮脂腺，故兔毛不及羊毛润泽。

特别提示

兔生长发育迅速，早熟性强，在胚胎期和出生后发育都很迅速。兔的被毛丰厚，有换毛的特性，换毛随季节和年龄变化。兔的汗腺很不发达，体表散热能力较差。它有不发达的皮脂腺，故兔毛不及羊毛润泽。

8 肉兔有哪些遗传特性？

侏儒兔 肉兔中偶尔会出现一些体格很小的兔，其体格几乎只有同窝兔体格的1/3。从外表看前额凸起，双窝突出，常称为侏儒兔。

垂耳兔 兔的耳朵长度与体型大小成正比。有的兔品种耳大下垂，称为正常型垂耳兔。如法国公羊兔就是典型的垂耳兔。但正常竖耳兔会出现少数垂耳兔，有的表现为双耳下垂，有的表现为单耳下垂，这种兔称为异常型垂耳兔。垂耳性状的遗传属多基因控制。

“牛眼” 牛眼又称为水肿眼，是肉兔较常出现的一种异常现象，有时发生在一侧，另一侧为正常眼，也可能两眼都发生。患兔的眼睛像牛的眼睛那样圆睁而突出，在2～3周龄以后，或是眼前房变大且有清楚的角膜，或者出现青色的云雾状，以后角膜变得扁平且浑浊，眼球凸出，并常引发结膜炎。患病公兔性欲减退，生殖力下降。牛眼病由位于常染色体上的隐性基因bu支配，其症状与缺乏维生素A所引发的症状相似。据研究，牛眼病可能是由bu基因阻碍了β-胡萝卜素转化为维生素A的正常过程而产生的。提高饲料中维生素A的水平可以降低牛眼病基因的外显率。

内障 内障指患兔在初生时，眼球晶体后壁有轻微浑浊，然后在5～9周龄时，晶体发展成完全浑浊。这种眼疾有两种遗传类型：一种是单因子隐性遗传，它能使肉兔两眼都发生内障；另外一种是呈不完全显性，它通常使肉兔一侧眼睛发生内障。饲喂干料可使这种眼病的进展速度放慢。

畸形牙齿 兔的上唇纵裂，形成豁嘴，门齿外露。正常兔的上颌1对大门齿大小均匀，排列整齐，上下门齿咬合正常。牙齿畸形的兔，下颌颌突畸形、第二上门齿缺失或第二上门齿增生。

短肢 肉兔中已发现短肢畸形的表现状况和遗传型式，一般学者认为有3种基因能使肉兔发生这种症状。

常染色体隐性基因ac产生短肢畸形并伴有致死作用。这种畸形兔的四肢非常短，头宽短而略呈方形，舌头伸出嘴外，胸部短且呈喇叭形，腹部膨大。经解剖和组织学鉴定，发现这种兔的骨骼缺乏骨化，有些骨头虽然骨化但发育缓慢。

常染色体隐性基因cd也产生短肢畸形并伴有致死作用。cd基因引起的短肢畸形与ac基因引起的短肢畸形大致相同，只是肌肉比ac型丰满，而且舌头不伸出嘴外。这种兔的管状骨显著畸形，骨干的末端增宽，骨干变短，像弓一样弯曲，骺和甲状软骨生长过度。

不完全显性基因Da也引起短肢畸形，但没有致死作用。患这种病的兔的四肢变短，髋臼和股骨头发生畸形，行走时表现跛行。此外，这种兔的耳朵向下和向外侧方向下垂，在耳朵基部有一个乳头突起。

短趾 肉兔的短趾畸形是常染色体上隐性基因br引起的。具有短肢畸形的肉兔趾骨比正常兔短。其趾骨变短的程度可以从较轻度的短趾到一只脚无趾，严重时所有脚全部为无趾畸形。一般情况下，前肢出现畸形的机会较多，严重时，掌骨弯曲变短，有时在耳朵的上1/3处也发生缺损。

“八字腿” 八字腿指肉兔行走时的姿势像“划水”一样。具有这种症状的兔不能把一条腿或所有的腿脚收到腹下，不能正常的站立和行走，因而总是以腹部着地躺着。症状较轻的兔能作短距离的滑行，症状严重的兔经常引起瘫痪。经解剖发现这种兔的股骨颈前倾，有时还会出现股骨骨干的粗隆扭转，致使股骨头从前部凸出而形成髋关节半脱臼，故患这种缺陷的肉兔不能正常站立和行走。

“八字腿”是由髋关节和肩关节的软骨发育不全所引起，而骨盆发育不全、股骨脱臼等畸形也具有这种症状，经研究证明这些畸形能遗传。引起“八字腿”的遗传因素还不清楚，可能属于常染色体隐性遗传型式。

特别提示

肉兔的外形特征不仅是品种的重要标记，而且有些外形特征还具重要的经济价值。肉兔的外形特征受遗传因素和环境条件两方面的影响，既有先天因素的影响，也有后天条件的影响。这两方面的影响都是通过生长发育的一定阶段表现出来。

9 肉兔有哪些生活习性？（视频1）

昼伏夜动 肉兔白天多在睡觉，而夜间多活动，因此饲喂时夜间应多喂些料。

胆小怕惊 所以要经常保持兔舍安静。

喜干厌湿 当环境湿度过大，兔子就特别容易生病。因此霉雨季节应采取措施尽量保持干燥。

抗寒怕热 当气温超过35℃时容易中暑死亡。因此，每当夏季高温来临时，应采取防暑降温措施。

群居性差，穴居性强 群养时经常会发生咬伤事件，所以在管理中要注意及时分群。最好采用笼养方式。

嗅觉灵敏，视觉差 肉兔生活中主要靠嗅觉来辨认周围的事物，环境改变对它的生长是有影响的，因而，不要过于频繁地调整它的笼位；肉兔靠嗅觉一般地能辨认饲料中是否有异物和毒性。

有明显的啮齿行为 在造笼时选料要注意坚硬，不要用软木料之类的材料。可以用竹木、金属等材料，不过要注意笼底最好用竹条，以防兔发生脚皮炎。

特别提示

兔具有吃自己粪便的特性，除在疾病情况下，终生保持这种特性。肉兔的粪便有两种，一种是硬粪，多在白天排出；另一种是软粪，多在夜间排出，一经排出便被兔子吃掉。据测定，每克软粪中含有95.6亿个微生物，由于食粪可使饲料多次通过消化道，可使饲料得到充分消化而获得更多的蛋白质和B族维生素。

肉兔的品种

肉兔按体型通常分为大型、中型和小型。按用途又可分为肉用型、肉皮兼用型，世界上现有70多个肉兔品种或品系，在我国目前作为商品肉兔饲养的大约也有20余个品种或品系。肉兔品种的优劣，直接关系到肉兔生产水平的高低和经济效益的好坏，一个好的品种，在同等情况下可以产出更多更好的产品。所以，肉兔品种的良种化是提高养兔经济效益的首要措施。了解肉兔品种的基本知识，有利于引种、保种以及正确的饲养管理和经营管理，从而获得最佳的经济效益。

10 肉用型兔品种有哪些？（视频2）

新西兰兔 毛色有白色、红黄色和黑色3种。它体长中等，臀圆，腰和肋部丰满。最大特点是早期生长快，8~9周龄可达1.8千克；产肉率高，屠宰率可达50%~55%，肉质肥嫩；毛皮质地良好。成年母兔重4.5~5.4千克，成年公兔重4.1~5.0千克。年繁殖4~5胎，每胎产仔8只以上，本品种抗病力较强。

公羊兔 主要分英系公羊兔和法系公羊兔。它们特点是耳大而下垂，头形似公羊，因此称公羊兔。法系公羊兔，母兔体重5~8千克，公兔4.5~6千克；生长发育较快，90天体重达2.5~

2.75千克；性情温顺，抗病力强，能耐粗饲，繁殖力较好，每窝产仔7~8只，多则14~15只。我国很多地方有饲养。

比利时兔 原产比利时。两耳宽长直立，耳缘有黑色毛边，额下无肉。毛色很像野兔色，有深褐、浅褐、黄褐等色。体质结实、粗壮，体躯较长，后躯较高，肌肉丰满，体质健壮，生长发育快，适应性强，泌乳量大，结构匀称。90日龄体重可达2.8千克，成年体重5.5~6.5千克，繁殖性能良好，每胎产仔7~8只。该品种与加利福尼亚兔杂交效果良好，3月龄体重比母本提高28%。我国很多地方有饲养。不足之处是易患脚皮炎。

加利福尼亚兔 原产美国加利福尼亚州，系用新西兰白兔与喜马拉雅兔杂交育成的肉用品种。红眼睛，耳朵较小，性情温顺，母性好。体型中等，敦实，生长发育快。全身被毛为白色，鼻端、两耳、四肢和尾尖为黑色。适应性强，繁殖率高，每胎产仔6~8只。3~4月龄体重达2.5千克，成年公兔体重3.6~4.5千克，母兔3.9~4.8千克。早熟易肥、肉质肥嫩，屠宰率高。不足之处是幼兔抗病力弱。

弗朗德巨兔 比利时育成的大型品种。成年标准体重是母兔6千克以上，公兔5.5千克以上。它分别有黑、棕、银灰、深灰、蓝、白、沙等7种毛色，饲养最多的是深灰色。缺点是成熟晚、繁殖力低。所以常用于杂交育成肉兔新品种，如作为商品肉兔则不经济。

布列塔尼亚兔 布列塔尼亚兔是法国专家贝蒂先生经多年精心培育而成的大型白色肉用兔配套系，由A、B、C、D四系组成。A系成年体重5.8千克以上，26~28周性成熟，70日龄体重2.5~2.7千克，28~70日龄料肉比2.8:1；B系成年体重5千克以上，120~150天性成熟，70日龄体重2.5~2.8千克，28~70日龄料肉比3.0:1，每只母兔年产断奶仔兔50~60只；C系成年体重3.8~4.2千克，22~24周性成熟，配种力强；D系成年体重

4.2～4.4千克，110～115天性成熟，每只母兔年产成活仔兔80～90只，繁殖力极强。父、母代之父系由A、B合成，成年体重5.0～5.5千克，26～28周性成熟，28～70日龄日增重4.2千克，料肉比2.8∶1，淘汰后屠宰率58%；父、母代之母系由C、D合成，成年体重4.0～4.5千克，115～120天性成熟。平均每胎产仔10.0～10.2只，产活仔9.0～9.5只；28天断乳，平均成活仔兔8.8～9.0只，出栏时，平均成活8.3～8.5只。年可繁殖商品肉兔90～100只。

其优良性状主要表现在：体型较大，前期生长快，繁殖力强，抗病性强，适应性广。在同等饲养管理条件下，布列塔尼亚兔与新西兰兔、加利福尼亚兔相比，它的饲养成功率高，农民获得了很好的经济效益，缺点是由于属配套系，不太适应小型兔场及家庭育种兔。

齐卡肉兔 齐卡肉兔是由全身白毛、红眼的巨型白兔(G)、齐卡大型新西兰白兔(N)和中型齐卡白兔(Z)三个专门化肉兔品系组成的。利用三系配套生产父系和母系，然后由父系和母系生产商品代兔。在人工气候及标准饲养条件下，商品兔84日龄上市体重2.8～3.0千克。在农村条件下，商品兔100日龄上市体重达2.4千克以上，平均胎产仔达8只以上。具有生长快、成熟早、体型大(巨型成年兔体重7千克左右)、繁殖力强和适应性好的特点。

荷兰兔小型品种 英国19世纪末利用荷兰输入的家兔育成，故命名“荷兰兔”。成年标准体重仅2千克，但屠宰率高，欧洲常用其与大型品种杂交生产商品肉兔。

美国兔 是中型偏大的肉兔品种。美国20世纪初育成，有蓝、白两种毛色。成年母兔的标准体重5千克、公兔4.5千克。毛皮常加工成裘皮。

佛罗里达白兔 美国于1966年育成，原为医学实验用兔，现转为肉用。体型小，成年兔的标准体重为2～2.3千克。

棕色兔 美国1972年育成。后躯发达，成年标准体重是母兔4.5千克、公兔4.3千克。毛色棕黄。

黑优兔 又名黑熊兔，是用俄罗斯银灰色与青紫蓝兔杂交育成，全身黑色。成年兔体重一般4千克，后躯发达、四肢粗壮。繁殖力强，生长快，早熟，耐粗饲。在冀、豫、晋、鲁等省是养兔户较欢迎的一个品种。

> **特别提示**
>
> 肉用型兔是以产肉为主的品种，体型较大，体躯肌肉丰满，繁殖力强，生长快，成熟早，屠宰率高。

11 肉、皮兼用型兔有哪些品种？（视频3）

塞北兔 大型肉、皮兼用品种。由法系公羊兔与比利时兔杂交育成。体形呈长方形，被毛黄褐色，四肢内侧、腹部及尾腹面被毛为浅白色。被毛绒密，皮质弹性好。头略粗、方，鼻梁有一条黑色山峰线。耳较大，一侧直立，一侧下垂。颈短而粗，体躯前后匀称，胸宽深，背平直，后躯丰满，四肢粗壮有力。个体大，生长快，耐粗饲，性情温顺，繁殖率高，抗病力和适应性强，成年兔体重平均5千克，高者可达7.8千克。母兔年产4~6窝，每窝产仔7~8只，多者15只，仔兔出生平均体重60克以上。30日龄断奶体重可达到650~1000克。缺点是毛色不稳定。

安阳灰兔 肉、皮兼用品种。全身被毛青灰色，腹部毛色较淡。耳大，背腰长，后躯发育良好。成年兔体重4~5千克。性成熟早，繁殖率高，泌乳力强，早期生长快。母兔年产4~6窝，每窝均产仔8只左右，最多达16只。3月龄体重可达到2千克以上。耐粗饲，适应性和抗病力较强。

哈尔滨大白兔 大型肉、皮兼用兔新品种。全身被毛纯白，毛密柔软，红眼睛，两耳宽大直立。前后躯发育匀称，四肢健壮有力。体型大，成年兔平均体重6千克，最重达10千克。早期生长快，90日龄平均重2.76千克。繁殖力高，平均窝产仔8只以上。适应性强，耐粗饲，屠宰率高。缺点是耐热性稍差，偶尔出现长毛个体。

中国白兔 地方皮、肉兼用兔。被毛白色、红眼睛，部分兔被毛青紫蓝色、黑色或棕色和灰色。体型小而紧凑、皮板厚实、头型清秀、嘴较尖、耳短小直立，一般无喉袋，适应性好，抗病力强，耐粗饲，血配受胎率高，肉质好，成年体重一般1.5~2.5千克。但兔体型过小，生长慢，不宜单独用于兔肉生产。

中国太行山兔 皮、肉兼用品种，又名虎皮黄。在选育中分为R和B两个系，每系又根据耳的大小分为大耳型和小耳型。其中以B系大耳型生长快，体型也大。B系兔的被毛主要为虎黄色，毛根白，中、上黄，并夹杂着部分黑毛尖纤维。4月龄前黑毛尖不明显，随着年龄增长黑毛尖加深。背部、后躯黑毛尖较多，两耳上部有黑色边缘。眼睛和胡须皆为黑色。体质结实，体型紧凑，脑门宽圆，背腰宽平，后躯发育良好，四肢健壮，母兔颌下有肉髯。成年后兔体重3.5~4千克。最重者达6~6.5千克。母兔年产5窝，平均窝产仔8.6只。仔兔生长快，4月龄体重可达3千克。遗传性能稳定。抗病能力和适应性很强。由于其肠体比例超过一般品种，特别耐粗饲。缺点是屠宰率稍低。

青紫蓝兔 皮、肉兼用品种。用3个品种(蓝色贝韦伦兔、嘎伦兔和喜马拉雅兔)杂交育成。现在有3种不同的类型：标准型、美国型和巨型。

标准青紫蓝兔体型较小，结实而紧凑，成年母兔体重2.7~3.6千克，公兔2.5~3.4千克；美国型为大型青蓝紫兔，体长中等，腰臀丰满，成年母兔体重4.5~5.4千克，公兔4.1~5.0千克；巨型青紫蓝兔是偏肉用的巨型品种，成年体重5.9~6.3千克，公兔5.4～6.8千克。这3种兔繁殖力较强，成活率较高。该兔的特点是被毛灰蓝色，并夹有全黑和全白的粗毛；绒毛基部呈深灰色，毛杆中部色淡，呈灰白色，毛尖呈黑灰色；耳尖、尾背面为黑色，尾根、眼圈及腹下灰白色。

德国巨型兔 又称花巨兔，是原产德国的大型肉、皮兼用兔。体型较细长，呈弓形，腹部离地面较高。毛色白底黑花，分布均匀，背部有一条黑线，黑嘴环，黑眼圈。性情活泼粗野，善跳跃。繁殖能力强，每窝产仔11～12只。3月龄体重2.5～2.7千克，成年公兔5千克，母兔5.4千克，是一个较理想的皮、肉兼用兔品种。缺点是母性不好，断奶前后仔兔死亡率较高。

日本大耳白兔 以中国白兔为基础选育成的皮、肉兼用兔。特点是毛色纯白，眼睛红色，耳大而直立，形似柳叶状；体型大，生长发育快，繁殖力强，泌乳量大，母性好，母兔颌下有肉髯。4月龄体重可达2.5～3千克，成年体重5千克以上。1年繁殖4～5胎，每胎产仔8只左右，适应性强。缺点是兔骨架较大，胴体欠丰满，净肉率较低。

丹麦白兔 毛纯白，眼红，耳厚直立，头大，额宽隆起，颈粗短，背腰宽平，体形匀称，肌肉丰满，四肢较细，性能温顺，耐粗饲，抗病力强，产仔率高，每胎8只左右。40天断奶，个体重1千克左右，90日龄重2～2.3千克。成年兔体重3.2～4.5千克。早期增重快。

喜马拉雅兔 原产喜马拉雅山脉南北地区。该兔红眼睛，毛色纯白，鼻端、两耳、尾及四肢呈黑褐色。耐粗饲，容易饲养，抗病力强。成兔体重4～5千克，每窝产仔8～11只。

豫丰黄兔 国内新育成中型品种。该兔全身黄色，腹部漂白色，耳大直立，头小清秀，成年母兔颈下有肉髯，后躯发达；前期生长快，60日龄体重可达2千克以上，成年兔体重4～6千克，料肉比2.15:1，抗病性和适应性极强，饲养经济效益高，深受引种者欢迎。

特别提示

由于世界范围内养兔规模日益扩大，新培育的品种(系)不断出现，加上一些传统品种的改良，家兔的品种是越来越多，购买种兔时要了解清楚不同品种的优点和缺点。

肉兔的饲料配比

由于不同年龄、不同生理状态的肉兔对营养物质的需求不同，各种饲料又有不同的特点和不同的营养成分含量，因此，根据饲养标准，采用多种饲料合理搭配，组成肉兔的日粮，对于促进肉兔生长发育、减少浪费、提高经济效益有着重要的意义。

12 什么是肉兔的饲养标准?

肉兔饲养标准是根据不同种类、年龄、体重、生产用途和生理阶段而制定的，只要按照规定量配制肉兔日粮，兔在自由采食日粮时，就可满足对各种营养物质的需要。这是配制肉兔日粮的依据。

饲养标准同时也反映了肉兔对日粮的采食量同营养物质间的关系。肉兔在一定日粮能量浓度范围内可调节采食量，如超过此范围，则出现问题。譬如肉兔(不包括哺乳兔)采食量范围是8.79~11.30兆焦/千克，超过10.89兆焦/千克时，尽管干物质采食量下降，但消化能摄入量仍上升，采食超过需要；低于9.21兆焦/千克，即使干物质食量达到最高水平仍不能满足对能量的需要。又如各日粮粗蛋白质水平降至10%以下，采食量会大幅度下降，这就意味着饲料品质差，很容易造成缺乏症。

特别提示

肉兔饲养标准是根据不同种类、年龄、体重、生产用途和生理阶段制定的，只要按照规定量配制肉兔日粮，就可满足肉兔对各种营养物质的需要。

13 如何把握肉兔的采食量?

肉兔在不同生理阶段，其采食量是有所变化的。仔兔开始吃饲料大约在21天。幼兔在断奶后饲料摄入量逐渐增加，一直达到体重的5.5%左右，这个水平维持到成年。母兔在产仔前采食量下降，产仔后迅速上升，在20～30天达到高峰。对于颗粒饲料适宜摄入量建议：成年兔维持需要113～128克/日，种公兔维持需要128～142克/日，生长兔(5周龄前)需要100～128克/日，哺乳母兔需要340～400克/日。

特别提示

影响肉兔增重最大的因素是能量浓度，直接影响到肉兔采食量和粗蛋白的进食量，能量浓度过低，肉兔采食量增加，以弥补其不足，这时若饲料中粗蛋白含量过高，则蛋白质的消耗量过大造成浪费；能量浓度过高，直接限制了肉兔的采食量，因而影响了增重。

14 肉兔应饲喂哪些饲料?

肉兔以草食为主，它的适应饲料范围很广。

青绿饲料　是指新鲜的或青贮的各种牧草、树叶、水生植物、陆生植物和各种农作物的茎叶等。

多汁饲料 是指新鲜或煮熟的块根、茎以及瓜果薯类的多汁果块，像胡萝卜、红薯等等。

粗饲料 是指晒干或加工粉碎的青干草、树叶及农作物的副产品，如玉米芯、红薯藤、豆秸等等。

精饲料 是指玉米、麦麸、糠和饼类、豆渣等籽实类或加工副产品。

动物性饲料 是指动物的肉、乳、血、加工制成饲料。

矿物质饲料 是由骨粉、蛋壳粉、石粉、食盐以及一些微量元素等成分配合而成的。

添加剂 是指一些非天然性的添加物，如营养性的维生素、氨基酸等，促进生长的抗生素及抗菌药、酶制剂以及各种驱虫防病的药物添加剂。

特别提示

生豆饼、生黄豆中含有抗胰蛋白酶因子和脲酶等有害成分，对肉兔产生不良影响，因此，不宜生喂，一定要煮熟。

15 肉兔饲料如何调制?

日粮配方举两例，作为大家调配饲料的参考。

①东北农学院养兔场的配方：大豆饼 25%、麸皮 20%、玉米面 47%、鱼粉 5%、贝壳粉 1.95%、食盐 1%、多种维生素 0.05%。将上述混合料制成颗粒料，再喂足量的粗饲料。

②北京南郊农场夏季肉兔的配方：青料 70%、精料 30%。精料组成是：麸皮 41%、玉米皮 16%、玉米 16%、燕麦 27%，另加食盐和骨粉 1% ~2%。混合加水拌匀饲喂。

以上的配方中最好再加入 1% 的微量元素添加剂。一定注意应根据肉兔不同品种、不同生理阶段及当地饲料原料的价格，随时修正配方，只要达到它的营养标准即可。

特别提示

饲料调制主要是指饲料在使用前要进行适当的处理，比如青饲料要清洗干净，晾干，保持鲜嫩；粗饲料要铡碎或粉碎；籽实饲料要粉碎，拌湿均匀后加入适量的食盐等添加剂后再喂。有条件的最好制成颗粒饲料饲喂。

16 全价日粮如何配合与加工？

生产中所用的全价配合饲料按其形状分为粉料和颗粒料。肉兔全价日粮的配合与加工可分为以下两大类方式：

青粗饲料+精料　这是我国目前养兔生产中大多采用的方式，其精料是一种混合饲料补充料，多为粉料。它是一种较低级的配合料，由能量、蛋白质及矿物质饲料组成，能基本满足肉兔对能量、蛋白质、钙、磷、食盐等主要营养物质的需要，饲喂时往往搭喂一定数量的青粗饲料和预混料，以满足肉兔对维生素、微量元素的需要。

表4-1为精料补充建议养分浓度，为保证全价均衡，精料补充料中还应添加适量微量元素和维生素预混料。精料补充料日喂量应根据体重和生产情况而定，约50～150克。此外，每天还应喂给一定量的青绿多汁饲料及与其相当的干草。青绿多汁饲料喂量为：12周龄前0.1～0.25千克；哺乳兔1.0～1.5千克；其他兔0.5～1.0千克。

全价颗粒饲料　其营养成分比较平衡齐全，使用时不再添加任何营养物质，饲料转化率较高，目前我国大多用于专业化的肉兔饲养场和种兔场。兔用颗粒料是我国兔饲料加工的发展方向，也是衡量养兔生产水平的重要指标。在美、英、法、意、俄罗斯、

表 4-1 精料补充建议养分浓度(每千克风干饲料含量)

	生长兔		妊娠兔	哺乳兔	成年毛兔	生长肥育兔
	3~12 周龄	12 周龄后				
消化能(兆焦)	12.96	12.54	11.29	12.54	11.70	12.96
粗蛋白(%)	19	18	17	20	18	19~18
粗脂肪(%)	3~5	3~5	3~5	3~5	3~5	3~5
粗纤维(%)	6~8	6~8	8~10	6~8	7~9	6~8
钙(%)	1.0~1.2	0.8~0.9	0.5~0.7	1.0~1.2	0.6~0.8	1.1
磷(%)	0.6~0.8	0.5~0.7	0.4~0.6	0.9~1.0	0.5~0.7	0.8
赖氨酸(%)	0.8	0.8	0.95	0.8	0.8	0.7
含硫氨基酸(%)	0.8	0.8	0.75	0.8	0.8	0.7
精氨酸(%)	1.0	1.0	1.0	1.0	1.0	1.0
食盐(%)	0.5~0.6	0.5~0.6	0.5~0.6	0.5~0.6	0.5~0.6	

匈牙利等国均已广泛应用。全价颗粒饲料的配方必须根据肉兔年龄、生理需求、蛋白质能比、粗纤维含量、必需氨基酸、维生素和矿物质的需要来确定。其加工方法是将风干粉料加适量水(10%),均匀拌和,通过颗粒饲料机压成颗粒料。一般来说,加工兔用颗粒料的粉粒直径为 1~2 毫米为宜,添加剂粉粒为 0.18~0.6 毫米为宜。颗粒料的直径为 3~5 毫米,长度为 10~12 毫米,用于哺乳幼兔的颗粒应小些。

以下介绍一些兔用颗粒饲料配方和矿物质、维生素补充料配方(表 4-2)。

表 4-2 肉兔的饲料配方(中国农科院兰州畜牧所，1990 年)

饲料(%)		生长兔 配方一	生长兔 配方二	生长兔 配方三	妊娠母兔	哺乳母兔及仔兔 配方一	哺乳母兔及仔兔 配方二	种公兔 配方一	种公兔 配方二
苜蓿草粉		36	35.3	35.0	35	30.5	29.5	49	40
麸皮		11.2	6.7	7	7	3	4	15	15
玉米		22	21	21.5	21.5	30	29	17	12
大麦		14	—	—	—	10	—	—	—
燕麦		—	20	22.1	22.1	—	14.7	—	14
豆饼		11.5	12	9.8	9.8	17.5	14.8	15	15
鱼粉		0.3	1	0.6	0.6	4	4	3	3
食盐		0.2	0.2	0.2	0.2	0.2	0.2	0.2	0.2
石粉		2.8	1.8	1.8	1.8	2	1.8	0.8	0.8
骨粉		2	2	2	2	2.8	2	—	—
日粮营养价值	粗蛋白	15	16	15	15	18	18	18	18
	消化能*	10.47	10.47	10.47	10.47	11.30	11.30	9.80	10.29
	粗纤维	15	16	16	16	12.8	13.5	19	—
添加剂	蛋氨酸	0.14	0.11	0.14	0.12	—	0.12	—	—
	硫酸钙	50 毫克/千克							
	氨苯胺	160 片/50 千克，妊娠兔日粮中不加，公兔定期加入							

注：表内消化能的单位为兆焦/千克。

特别提示

兔用颗粒料是我国兔饲料加工的发展方向，也是衡量养兔生产水平的重要指标。在美、英、法、意、俄罗斯、匈牙利等国均已广泛应用。

17 日粮配制技术的要点有哪些?

日粮配合的原则

①应符合饲养标准，满足肉兔对各种营养物质的需要。

②饲料原料的种类应多样化，以相互弥补营养物质的不足。精饲料在日粮中应不少于3种。

③应确定适当的精、粗料比例。国外多采用精料为主的精料型日粮。根据我国的实际，条件好的兔场采用精料型日粮为宜，可便于饲养管理；而条件一般时则可采用粗料型日粮，即精饲料与粗饲料大致为1：1。

④应首先满足蛋白质、能量、脂肪和粗纤维的营养指标要求。对肉兔需求量较宽松的指标和钙的需求则不必过于严格的紧扣标准，因为实际生产中肉兔日粮的钙含量往往是超标而不是不足。

⑤微量元素和维生素在日粮配合时可不计饲料原料中的含量。饲料标准所列出的需要量即为肉兔日粮配合时的附加添加量。

18 日粮配合应注意哪些事项?

①注意日粮的适口性。兔明显嗜好纤维素高的日粮，但纤维含量高会使日粮中的能量等降低，因而要适度；日粮中增加脂肪可提高适口性，但含量过高则会降低适口性；肉兔喜欢吃颗粒料，不喜欢吃磨得很碎的细粉料，有条件的兔场将日粮制成颗粒料最好；对能量饲料，肉兔喜好的顺序为燕麦、大麦、小麦、玉米；肉兔不喜欢动物性蛋白饲料，但为提高日粮中蛋白质的利用率，又需添加适量的动物性蛋白饲料。一方面应使之在日粮中的比例不超过5%，另一方面可用加香味剂或炒熟后有香味的大豆粉来冲淡动物蛋白的腥味；肉兔喜欢吃有甜味的饲料，有条件的地区可加入3%左右的糖蜜和糖渣，以提高日粮适口性。

②注意肉兔的采食量。防止日粮容积过大，使肉兔因消化系

统容积所限而食入的营养物质不足。肉兔全价饲料采食量，见表4-3，成年兔对各种饲料的采食量，见表4-4。

表4-3 肉兔全价饲料采食量

年龄(天)	日采食量(克)	年龄(天)	日采食量(克)
初生至15天	0	35~42	40~70
15~21	0~20	42~49	70~100
21~35	15~50	49~63	100~160

表4-4 成年兔对各种饲料的采食量

饲料种类	平均每日采食量(克)	最大采食量(克)
鲜青料	600	1000
青贮料	400	600
干精料	120	200

肉兔的采食量是有一定限度的，配合饲料容积不可过大，否则，即使日粮营养全面，但容积过大而使肉兔吃不进去所需要的营养物质。例如，一只哺乳母兔按每天泌乳200克，需吃下3千克混合青料或至少800克混合干草。再如一只体重1千克的幼兔进行肥育，达到每天增重35克所需的营养，要吃800克混合青饲料。对此，无论母兔还是幼兔的消化器官都不可能容纳量非常多的饲料，所以，必须提高日粮营养浓度，那种认为有充足的粗干草或青饲料就能养好兔的说法是不正确的。

③应注意降低日粮成本，要根据当地饲料资源条件，选择价格便宜的饲料原料，既达到满足肉兔营养需要，又降低日粮成本，不可以生搬硬套其他地区成功的日粮配方。

④配合的日粮应保持相对稳定，不可随意更改配方，如需改变也应逐渐改变，以防引起肉兔消化功能紊乱及疾病。

⑤应有选择地在肉兔日粮中使用抗生素和抗球虫药物，商品肉兔在送宰前一周应停止用药。

特别提示

无论母兔还是幼兔的消化器官都不可能容纳量非常多的饲料，所以必须提高日粮营养浓度，那种认为有充足的粗干草或青饲料就能养好兔的说法是不正确的。

19 日粮的配合有哪些方法？

全价日粮的配合是在可提供的饲料种类的基础上，经合理搭配、计算，使其营养成分的各类别和数量基本达到饲养标准所规定的要求。其主要内容是编制日粮配方。

日粮配合的方法很多，目前在生产上常用的有手算法、电子计算器法和电脑运算法。

电脑运算法　根据所用饲料营养成分表、饲养标准、饲料原料的市场价格和有关约束条件（如成品料价格、某原料的最低和最高用量等），将有关数据输入计算机，通过运算、比较和筛选，很快便能得出既能满足营养需要而价格又相对较低的饲料配方，即通常所说的最佳饲料配方。其计算程序可自编，也可选用有关专业书籍介绍的通用程序。近年来，一些用于饲料配方计算的单板机，更具有体积小、价格便宜、操作方便等优点，适合于广大兔场生产自配料用，如江苏农科院的 SF－450 饲料配方电脑。电脑运算法的具体操作不一一介绍，请参考有关书籍和说明书。

手算法　包括试差法、四角法和公式法。其中以四角法最为简易，但只能用于饲料原料种类不多或营养指标不多的情况。公式法则计算复杂。现以试差法介绍计算肉兔日粮配方的方法。饲养标准参照我国的建议标准。

现按我国“肉兔建议营养供给量”标准，为 12 周龄后生长兔配制日粮，具体步骤为：

①列出12周龄后生长兔营养供给量标准，见表4-5。

表4-5 12周龄后生长兔营养供给量标准

蛋白质（%）	粗脂肪（%）	粗纤维（%）	消化能（兆焦/千克）	钙（%）	磷（%）	食盐（%）
16	2～3	10～14	10.45～11.29	0.5～0.7	0.3～0.5	0.5

②饲料原料有苜蓿干草、大豆秸、玉米、大麦、麸皮、豆饼、鱼粉、食盐。查饲料营养成分表，分别将有关营养物质的含量列入表4-6。

表4-6 饲料原料营养成分数

饲料种类	干物质（%）	粗蛋白（%）	粗脂肪（%）	粗纤维（%）	消化能（兆焦/千克）	钙（%）	磷（%）
苜蓿干草	89.6	15.7	2.1	23.9	6.56	1.25	0.23
大豆精	93.2	8.9	1.0	39.8	1.71	0.87	0.05
玉米	84.5	8.0	3.56	2.21	13.76	0.11	0.30
大麦	88.5	12.6	1.40	4.5	13.09	0.12	0.44
麸皮	89	15.02	3.63	9.24	11.91	0.14	0.53
豆饼	90.7	42.4	6.91	6.1	13.43	0.28	0.59
鱼粉(国产)	91.3	53.6	9.8	0	11.42	3.16	1.17

③根据初步拟定的比例，分别计算营养物质含量，并与标准加以比较，见表4-7。

表4-7 日粮营养物质含量

饲料	配合比例（%）	粗蛋白（%）	粗脂肪（%）	粗纤维（%）	消化能（兆焦/千克）	钙（%）	磷（%）
苜蓿干草	35	…×15.7 =5.495	…×2.1 =0.735	…×23.9 =8.365	…×6.56 =2.296	…×1.25 =0.438	…×0.23 =0.081
大豆秸	10	…×8.9 =0.890	…×1.0 =0.1	…×39.8 =3.980	…×1.71 =0.171	…×0.87 =0.087	…×0.05 =0.005

（续）

饲料	配合比例(%)	粗蛋白(%)	粗脂肪(%)	粗纤维(%)	消化能(兆焦/千克)	钙(%)	磷(%)
玉米	29	…×8.0 =2.320	…×3.56 =1.032	…×2.21 =0.641	…×13.76 =3.990	…×0.11 =0.032	…×0.30 =0.087
大麦	11	…×12.6 =1.386	…×1.4 =0.154	…×4.5 =0.495	…×13.09 =1.440	…×0.12 =0.013	…×0.44 =0.048
麸皮	5	…×15.02 =0.751	…×3.63 =0.182	…×9.24 =0.462	…×11.91 =0.596	…×0.14 =0.007	…×0.53 =0.027
豆饼	8	…×42.4 =3.392	…×6.91 =0.553	…×6.1 =0.488	…×13.43 =1.074	…×0.28 =0.022	…×0.59 =0.047
鱼粉	1.5	…×53.6 =0.804	…×9.8 =0.147	0	…×11.42 =0.171	…×3.16 =0.047	…×1.17 =0.018
食盐	0.5						
合计	100	15.038	2.903	14.431	9.738	0.646	0.313

通过计算可以看出，按上述比例配合的日粮，蛋白质含量低，能量水平低，粗纤维含量高，其他各项均符合要求，需要进一步调整。

④按去多补少原则调整配方：由于蛋白质能量均低，可优先考虑补足蛋白质。由于蛋白质相差0.962%，豆饼中含粗蛋白42.4%，大豆秸中为8.9%，两者相差33.5%，要补充日粮中缺乏的0.962%的蛋白质，需要大约增加3%的豆饼并等量减少3%的大豆秸来实现(0.962÷0.335=3)。如此调整后能量也相应地提高了0.352兆焦/千克，但能量依然不足(调整后为9.738+0.352=10.09兆焦/千克)，与标准还相差0.5兆焦/千克。由于麸皮与大豆秸含消化能相差11.91－1.71=10.2兆焦/千克，可用增加5%的麸皮并相应减少5%大豆秸来实现。调整后日粮的营养物质含量见表4-8。

表 4-8 调整后日粮的营养含量

饲料	配合比例(%)	粗蛋白(%)	粗脂肪(%)	粗纤维(%)	消化能(兆焦/千克)	钙(%)	磷(%)
苜蓿干草	35	5.495	0.735	8.365	2.296	0.438	0.081
大豆秸	2	…×8.9 =0.178	…×1.0 =0.02	…×39.8 =0.796	…×1.71 =0.034	…×0.87 =0.018	…×0.05 =0.001
玉米	29	2.32	1.032	0.641	3.99	0.032	0.087
大麦	11	1.386	0.154	0.495	1.44	0.013	0.048
麸皮	10	…×15.02 =1.502	…×3.63 =0.363	…×9.24 =0.924	…×11.91 =1.191	…×0.14 =0.014	…×0.53 =0.053
豆饼	11	…×42.4 =4.664	…×6.91 =0.760	…×6.1 =0.671	…×13.43 =1.477	…×0.28 =0.031	…×0.59 =0.065
鱼粉	1.5	0.804	0.147	0	0.171	0.047	0.018
食盐	0.5						
合计	100	16.349	3.211	11.892	10.599	0.593	0.353

可以看出，调整后的配方，其营养物质的含量与标准比较是符合要求的。由于蛋白质含量偏高，而能量还有较大的调高余地，故还可增加玉米、大麦在日粮中的比例，并相应减少豆饼比例，经多次调整后，配方才会更加科学合理。

特别提示

由于不同年龄、不同生理状态的肉兔对营养物质的需求不同，各种饲料又有不同的特点和不同的营养成分含量，因此，根据饲养标准，采用多种饲料合理搭配，组成肉兔的日粮，对于促进肉兔生长发育、减少浪费、提高经济效益有着重要的意义。

兔场、兔舍和养兔设备

兔场的建筑，应以容易管理、省工、省力为目标，设备、用具要易于清洁、消毒，一般以笼养为好。建造的兔舍要通风、透光、干燥。无论建造什么形式的兔舍，都必须适应兔的生理特性。通风可以使兔舍空气对流，保持空气的新鲜、清爽。如果不通风，兔粪尿产生的大量有害气体，如硫化氢、氨气等将严重污染空气，不但产生难闻的臭味，而且使氧气不足，在夏季更不利于防暑降温。兔舍要透光、明亮，便于打扫卫生和消毒，但不要让太阳直晒或暴晒兔舍，阳光可以使兔周身清爽舒服，细菌和病毒不容易繁殖，可以大大降低疥癣病、皮炎和其他疾病的发生。

20 兔舍建筑有哪些基本要求？（视频4）

选择合适的场址 要选择地势高、干燥、环境安静、冬暖夏凉、排水良好的地址建筑兔舍。有条件的可地面浇注水泥，既便于打扫消毒，又能保持干燥。兔场周围要有清洁水源，保证饲料加工、兔的饮水及工作人员的用水需要。

兔舍坐北朝南 兔舍尽量朝南或朝东南，以便得到充足的阳光。南面可无墙，半户外式或在南面多开窗，使通风良好。北窗冬天关闭，夏天打开，使空气对流、降温。也可开设天窗，使污秽空气经天窗排出。

设计要求 兔舍建筑设计要考虑便于饲养管理、清洁消毒、通风换气、透光良好。要符合育种、繁殖、饲养要求，有利于饲养人员提高工作效率。兔舍要能有效地防止牲畜、野生动物侵入。同时还要有利于防止鼠害。此外，建筑材料要坚固耐用，尽量就地取材。

特别提示

兔舍建筑物的屋顶和外墙常年都受着太阳辐射、空气温度、湿度、风、雨、雪等自然气候因素和舍内空气的热量和水汽的双重作用。这两种热湿作用是直接影响兔舍内部微气候的冷热、干湿、光照和通风等环境状况的重要因素。因此，如何通过建筑上的相应措施，有效地利用内外热湿作用，创造一个较为理想的兔舍环境，对提高兔的生产力和经济效益，都将会有积极的作用。为此，特别是集约化兔场的兔舍建筑在设计前应认真分析研究，根据各地的不同气候条件，区别对待。同时，也必须考虑兔的生理特点。

21 兔笼有哪些规格？

养兔的形式和兔舍建造种类很多，究竟采取哪种形式为最好呢？根据多年实践，养兔还是以笼养最为合适。种兔单笼分养，幼兔一笼多养。兔笼对应有一定的规格（表 5-1），兔笼过小虽然节省材料，但兔在笼内不易活动，健康要受影响。兔笼过大，既不实用，也不经济。常用的兔笼一般宽 60 厘米，深 55 厘米，高 45 厘米。种兔笼应酌情放大一些。

表 5-1　各种兔的兔笼规格

兔品种	宽(厘米)	深(厘米)	高(厘米)
大型	100 ~ 120	70 ~ 80	70 ~ 80
中型	70 ~ 80	60 ~ 80	50 ~ 60
小型	50 ~ 60	40 ~ 60	40 ~ 50
生产兔	80 ~ 100	65	50

群养一般采用栅饲兔舍，利用空屋在室内用 90 ~ 100 厘米高的竹片或铁丝网隔成小栏。室内地面铺草，放食槽、草架、饮水器等。有条件的在室外设运动场。这种方式适合幼兔及中年兔的饲养，设备费用低、省人工。

22 兔笼建造有哪些技术要求？（视频 5）

兔舍墙　笼壁四周可用砖块、水泥板砌成，可以起到保持笼内温度，防止风雨侵袭及承受上层兔笼及舍顶重量的作用。墙体表面要光滑、坚固耐用。其规格为外墙 24 厘米，内墙 12 厘米。若用竹条、木板、铁丝网等建造，要注意防止兔啃咬造成损坏。竹木条的间距与底板间距相同。

笼门　笼门必须开关灵活、关闭严密，便于每天检查兔的健康、吃食等情况。笼门开在笼的前方，一般装铁丝网，便于观察及通风透光。铁丝网眼不能过大，以防老鼠钻入，伤害仔兔。食槽、草架等最好装在笼门上或前壁笼网上，以便不开门即可喂食。

笼底板　笼底离地面至少 30 厘米，最好用竹片制成，要把竹片削平、打光，并注意宽窄均匀。竹片宽 2.5 厘米，要平直，两片之间的距离为 1 ~ 1.2 厘米。过宽兔脚容易陷入竹缝，造成骨折，过窄粪便落不下去。竹条方向应与笼门垂直，这样便于兔子行走。笼底板不能钉死在架上，要做活动的，便于更换和清洗。

承粪板　是双层或多层笼子的必有设备，既可以积肥，又可以代替下一层笼顶。承粪板负重不大，可用2厘米厚的水泥预制板建造。承粪板与上一层笼底板有一定的距离，向后或向前有一定的坡度，并突出笼外6厘米，以便粪便排到地面的粪尿沟内。在用水不便的地方，斜式承粪板便于打扫、清除粪便。

兔舍顶 起防雨雪和保温防暑的作用。要求不透水，且有一定坡度，易于排水，隔热性好，结构简单，而且质轻耐久。因此可选用木条结构，防水层可用瓦材或油毡，瓦下铺10厘米厚草泥的保温层，也可用草泥顶棚。出檐应尽量大一些，可防止雨水淋到笼内，夏天还可防止太阳直接照射到兔子。

特别提示

兔笼是肉兔生产中不可缺少的重要设备，设计合理与否，直接影响着肉兔的健康、兔肉品质和生产效益。兔笼设计一般应符合肉兔的生物学特性，造价低廉，经久耐用，便于操作管理。兔笼规格，兔笼大小，应按肉兔的品系类型和性别、年龄等的不同而定。大小应以保证肉兔能在笼内自由活动，便于操作管理为原则。

23 兔笼有哪些式样？

单间重叠式 一般是3个重叠在一起，最上一层前后一样，均为45厘米；下面2层前面45厘米，后面高35厘米，长60厘米，宽55厘米。这种兔笼占地少，容易控制疾病，发生疫情时可单独隔离。

双联重叠式 两笼相连，笼外中间装有草架。这种式样的兔笼省材料，一架可养6只繁殖母兔。尺寸规格与单间重叠式相同。

双联单层式 两笼中间装草架，下无承粪板，粪便直接落到地面，地面可铺木屑、稻草等吸湿垫料。笼长2～4米，宽60～70

厘米，高45~55厘米，养兔数量较少的家庭比较适宜。前面朝阳，后面靠墙，上盖草帘，建造简单。同时便于移动，夏天放在凉爽通风处，冬天放在防风保暖处，也便于清扫消毒。抓兔配种和管理也很方便，饲养多时可3~5架联在一起。

24 兔场有哪几种类型？

室内兔场 室内兔场一般有2种设置，一种为单向兔笼，另一种为面对面或背靠背的双向兔笼。

单向兔笼 一般是3层或4层，放在兔舍的北面，笼门朝南。兔舍的北墙可开窗，冬天封住挡风，夏天开启通风。优点是冬暖夏凉，光线充足，缺点是兔舍利用率不高。

双向兔笼 两列3层或4层兔笼面对面排列，中间设过道。兔舍的墙壁可作为笼的后壁，兔笼的承粪板凸出洞口外面，粪尿沟开在兔舍外的墙脚下，在室外清除粪便。为了改善兔舍的通风透气条件，要多开窗户，防止潮气对兔的危害。

室外兔场 优点是阳光充足、空气新鲜、减少疾病、兔生长快、饲养管理方便、兔舍造价低。室外兔场都采用水泥兔舍，坚固耐用，洗刷方便。室外兔笼大都为三层联合式。一般包括围墙、兔笼、贮粪池、通道、饲料间、管理室。式样可参照室内兔笼。为了适应露天的条件，兔笼地基宜高，笼顶要有防雨设备，可用瓦、水泥板、石棉板等做成。为了有利夏季防暑工作，兔场顶层应再升高10厘米，上面最好搭凉棚或葡萄架，夏天种丝瓜、南瓜遮荫。顶尾檐伸出约50厘米。室外兔场的四周可砌围墙，以防兽害并且挡风。

地下兔场 炎热地区可建地下兔场。一方面较为美观，另一方面冬暖夏凉，温度较稳定。地下兔场一般夏天温度20~25℃，冬天5~10℃。也可以建一种半地下式窖舍。先挖好宽3.5米、深2米、长20米的东西向土坑，四周砌上石片或砖，然后在坑内的南北面建两排兔笼。每间单舍面积1平方米左右，高为65～70厘米。这种兔笼采光好，保温性强，可饲养各类型的肉兔，适合北方冬繁冬养的需要，但也要注意防潮。

特别提示

农村为了节约木材，可采用水泥铁丝板和砖结构，笼壁四周用砖块砌成室内兔场，笼门用铁丝框或铁片条，笼底用竹条，承粪板用水泥板。

25 养兔需要有哪些饲喂设备？（视频6）

食槽 可用粗毛竹劈成两半，除去中间的节，两端钉上长方形的木片，使之不易翻倒。一般长35厘米、高6厘米、宽10厘米、底宽16厘米。放在运动场的食槽可长些。也有漏斗式的食槽，上面是漏斗，下面是食槽，也可以用水泥制成兔食盆。

草架 草架一般呈"V"字形。活动式草架可固定在一个活动轴上，往外翻可添草，往里推可阻挡仔兔从草架空间落出来。装上草架可以保持笼内清洁卫生。活动轴上的草架一般是木架。多用饲槽可用铁皮制作，挂在笼门前，既可作门，又可作草架和食槽。镶嵌式草架镶在两兔笼之间壁内，最好用粗钢丝焊制。草架的关键部位是钢丝的间隙，过小则肉兔食草困难，过大则漏草，仔兔也易外跑，一般取25毫米。

产仔箱 产仔箱是母兔分娩哺育用的木制小箱。前方有月牙口，可以竖起，也可以横放。当母兔分娩，需要场地大些时，可以将巢箱横放。分娩后将巢箱竖起，使仔兔不易爬出。仔兔进食时，为了便于自由出入，再将巢箱横放。巢箱一般的规格为35厘米×20厘米×28厘米，月牙距离底部的最低高度是12厘米，上面最好有盖儿，当母兔哺乳结束后，将产箱拿到笼外盖上盖儿，以防止野生动物的侵害。还有一种是平口式产箱，用1厘米厚的木板制成，形状如抽匣，其规格为40厘米×26厘米×13厘米，底部钻有小孔或留有缝隙，便于尿液流出。

饮水器 市场上，兔用饮水器常见的有两种：一种称乳头式，另一种称鸭嘴式。乳头式由于伐杆伸出乳头之处，在360°范围内，兔子都能将伐杆触动饮水，它的适应性强。獭兔、肉兔，以及成年兔、仔兔均可用。而鸭嘴式饮水器，兔子很难触到伐杆，唯有咬住藏在乳头内的伐杆，才能流出水来。

特别提示

饮水器一般是用铜和不锈钢制造，因兔舍里含氨气、二氧化碳等浊气，腐蚀性强。虽然铜和不锈钢都不生锈，但是不锈钢比铜硬，更耐磨，使用寿命是铜的1倍以上。价格方面，不锈钢的比铜的贵。

肉兔的饲养与管理

兔是食草动物，饲喂应以青饲料为主，精料为辅，日粮要有多种多样的饲料组成，夏以青饲料为主，冬以干草和块饲料为主。防止饲料突然改变，要充分供应清洁的饮水，冬天最好饮温水，家兔怕热怕湿，要经常打扫兔舍，保持兔窝清洁干燥，要能晒到阳光和适当的运动，以增强兔的抗病力。

26 肉兔饲养需什么样的环境？

在现代养兔生产中，环境已成为提高养兔效益的有效手段之一。如人工控制兔舍环境，可以模拟和创造兔子所需要的各种舒适环境(如仔兔、成兔、哺乳母兔等环境)，舍内的空气温度、湿度、光照和气流等因素全部实行人工控制。在这种条件下，养兔业实现了计划生产和均衡生产，产品大幅度增加。肉兔是一种恒温动物。它能自主地保持其体内核心组织的稳定温度，即使外界环境温度状况有较大的变化，兔体内部温度的波动也甚微小。如一年中的冬夏季节气温差异较大，但兔的体温仍然能保持在39℃左右，不过有一定幅度的变化，其变化幅度在38.6～40.1℃。兔舍的温度状况是经常变化的，环境温度在一定时限内，一般都带有一定的规律性。舍内早晨气温低，夜间温度高。因此，任何情况下兔子周围的环境都会影响它和环境之间的热交换。这样就会影响兔子为保持其体热平衡所必需的生理调节。如果环境并不完全符合兔的舒适要求，它就要作相当大的调节，特别是当兔处在寒冷或炎热的冷、热应激作用下，必将在其生长、生产力和健康上出现反应，出现体重下降，产肉、产毛、产仔率降低等，甚至会发生疾病。

当肉兔处在一个相对封闭的环境中时，由于肉兔的新陈代谢活动不断地消耗空气中的氧，产生二氧化碳和水汽。空气中氧占21%，二氧化碳占0.03%。而经过肉兔呼出的空气中氧约占16%，二氧化碳增至4%，水汽则达到了100%的饱和程度。这样就必然会使该封闭环境中的氧含量减少，二氧化碳和水汽含量增加。此外，还有粪尿中产生的氨和草料中夹杂的灰尘微粒，所有这一切都改变着兔舍环境中的空气成分。因此，为了达到最大生产率所需要的最优环境，应该充分地组织空气交换，以便把达到有害程度的水汽、氨气、二氧化碳、灰尘及空气中的微生物排到舍外环境中去。

在寒冷气候条件下，空气交换要求补充热量，借以保持所需要的舍内均匀的环境温度。兔体放出的热量可由兔笼、兔舍结构的隔热设施吸收，保持于舍内，而且可利用这种热量来为全部或部分通风空气加热，以造成适宜的温热环境。

在养兔生产中，普遍采用相对湿度来衡量空气的潮湿与干燥程度。相对湿度百分比越高，表明空气的湿度越大，空气越潮湿。肉兔的适宜相对湿度为60%~65%，高于这个百分比即称高湿度。

湿度过高对肉兔的影响主要表现在其体热散放方面。夏季炎热的7~8月，不仅气温高达30℃以上，而且由于降雨量大，空气中相对湿度可高达85%~90%，高温高湿空气环境使肉兔体热散放十分困难，容易发生热射病。此外，在高温高湿条件下，肉兔易患疾病较多，如肉兔的皮肤因水分难以蒸发显得湿润、肿胀，皮孔、毛孔变窄而被阻塞，皮肤抵抗力降低，加之潮湿环境特别有利于病原性真菌、细菌和寄生虫的发育，故肉兔易患疥癣、脱毛癣、湿疹等皮肤疾病。在低温高湿条件下，肉兔易患呼吸道疾病，如感冒、咳嗽、气管炎及风湿病等。

空气湿度过高对兔毛质量的影响甚大。据江西省玉山兔场资料提供，该地2～4月份空气湿度为全年最高，达84%～87%，造成3～5月份毛的质量下降，优质毛含量为全年最低水平，只占38.26%～50.38%。

特别提示

我国广大农村和养兔地区的条件相差甚大，在有些地方，兔舍夏季未能有效地隔热防暑，引起兔的热应激反应，而冬季也未能合理地防寒保温，未达到起码的温热条件，给养兔生产带来很大影响和损失。因此，对于养兔的环境问题尚需给予应有的重视。

27 肉兔有哪些饲养方式？（视频7）

圈养 也叫栅养。就是在室外旷地或住户的院里，筑起围墙或夹起篱笆，墙内建起简易的兔棚，把兔子混养在圈内。最好公、母兔分开饲养，白天放开棚门，让兔到露天场地运动，夜间或雨雪天关闭棚门，让兔在棚内。圈和圈内小棚的大小，可根据饲养只数以及条件来确定。这种方式饲养皮肉兔能节省人力和物力。由于圈内空气新鲜、兔只行动自由、阳光充分、运动充足，故能促进兔健康成长。但不易掌握每只兔的饮食和发情配种情况，疾病传染难控制，常发生咬架致伤现象。所以应用这种方式饲养皮肉兔，应该随时观察和加强日常的管理工作。

棚养 棚养，即是用砖、土坯、石头以及竹、木等建筑材料在室外建起简易兔棚的饲养方式。兔棚上面要加盖，以便保温。如果想做成双层或多层兔舍，应考虑解决好下层的粪尿污染问题。这种养兔的方式，建筑取材较做笼具方便，保温、避暑、防寒较笼养好，饲养人员也利于操作。但土地土墙易被兔掏洞，铺砖或水泥地又反凉反潮，不适合兔的习性。所以，在冬季或霉雨季节，可在舍内铺上草或垫上干土、炉渣灰、石灰等保暖吸潮物质，以防兔受潮受凉。

放养 放养，又叫散养。即在一个场地上，用铁丝网或竹木围起来，修个大围墙，场内设土丘、搭凉棚，放设水盆、食槽、饲草，把公母兔放在场内自由采食、活动、配种。但要定期检查，待母兔怀孕到后期即要将孕兔取出单独饲养与产仔。此种饲养方式适用于山区的农户在春、夏、秋季采用。

窖养 窖养，即在高燥、背风、向阳、地下水位低的倾斜地方掏洞建窖，窖口与地面搭起的简易草棚相连，兔可在地面、地下自由出入，饲草饲料放在地面棚内。冬天，皮肉兔在窖内避寒、产仔，在地面舍内吃食、排粪尿。这样能见阳光，利于通风和运动。洞内保温，一般可在5℃左右。洞的大小与深度，视具体情况而定，一般饲养10只成兔，洞深3米，洞宽1米即可，这种饲养方式适应于寒冷季节，但要注意防潮。每年立春转暖之后，要及时将兔移至地面饲养。窖养皮肉兔形式也有多种，各地饲养户可因地制宜采用。

拴养 拴养，即用铁链或牢固的绳类，一端拴系兔的颈部，一端拴系在铁或木桩、树干以及其他的固定物上。这种方式一兔一绳，便于迁移，白天放在室外树下或阴棚内，夜晚或雨天迁至室内，管理方便。拴养只适用于成兔，不适宜仔幼兔。目前，在安徽省淮北地区饲养数量不多的农户中采用此法较多。此法简单，但饲喂成批的商品兔无法采用。

笼养 笼养是指每笼1只，分开饲养。

兔笼一般有两种，一种是用木片、竹条和铁丝等做成的活动式兔笼。另一种是砖瓦水泥结构的固定式兔笼。

种兔笼的标准为：笼宽是兔体长的2倍，深是兔体长的1.3倍，高是体长的1.2倍。因此，常见的种兔笼的尺寸为：宽75厘米，深65厘米，高50厘米。商品兔的兔笼可适当缩小。

兔笼的构造有：笼门、笼底、笼壁、承粪板、草架、食槽、饮水器、产仔箱、产仔房(洞)等等。

室内笼养 室内笼养可选择南北都多窗的闲余房屋，笼架有3层或4层的单向、面对面的双向或背靠背的双向等排放方式。面对面的双向笼舍，在排放时注意后面留出承粪沟空隙以便于清扫，双向排列时注意通道宽不少于1米。

室外笼养 室外兔笼可用简单的建筑材料搭在露天而成，特别是南方较适宜，成本要根据经济能力而定。如果依山坡而建的最好是以单向面南排列。也称之为敞开式兔舍。

28 肉兔饲养基本知识包括哪些？（视频8）

肉兔饲养的一般原则

饲料搭配多样化 不同品种，不同用途，以及不同阶段的兔的饲料要求各不一样。如果不注意，就会造成营养缺乏和食欲减退，从而影响兔的正常生长发育。因此，一定要做到精、粗、青饲料合理搭配，营养全面均衡。在具体实施中，可结合本地的条件，因地制宜地合理调整，尽量减少成本。譬如，玉米中含能量较高、蛋白质较少，特别是缺少赖氨酸和蛋氨酸，而豆科类植物蛋白质含量较高，如两种相互配合使用，就可使蛋白质的利用率大大提高。千万不要长期喂单一品种的饲料。

饲喂要定时、定量，保证质量 定时定量是固定饲喂的时间、次数及数量。兔子养成习惯后，不仅可以增加食欲，吃饱吃好，还可定时排泄，便于打扫。保证质量是指凡是腐烂、霉败、带灰、带泥、被寄生虫卵污染和含有毒素的饲料，一律不得用来饲喂兔子。

变换饲料时，要逐步过渡，让兔子有个适应过程，以免减食或伤食。特别是早春季节，干草转换青草或秋冬青草换干草时，要有3~5天时间逐步变量。

保持适宜的环境　兔不太怕冷，但怕酷暑，怕暴晒，喜干厌湿，喜净怕脏，怕受惊吓。所以兔舍、兔笼要保持安静、干燥、通风、空气新鲜，应及时做好卫生防疫工作，定期免疫。

兔的捕捉方法　捕捉兔时动作要敏捷稳重。趁兔比较安静时，先在头部用手顺毛抚摸，然后抓住两耳与颈皮轻轻提起，并用另一手托住臀部，不能只抓两耳或四肢，更不可倒提后腿，以防兔受伤。

兔的公母鉴别

初生兔　生殖孔扁形、与肛门反方向、距离较近的是母兔；生殖孔圆形又小、与肛门同向前方、间距较远的是公兔。

幼兔　左手抓住兔的颈部，右手中指和食指夹住其尾，用大拇指掀起阴部上方，张开生殖孔，阴口部突出呈圆柱形的是公兔，呈长叶形裂缝延至下方接近肛门的是母兔。

成年兔　有睾丸的是公兔。

肉兔的年龄鉴别　注意趾爪基部颜色。1岁时，趾爪红白色，长度相等，1岁以下，趾爪红多于白，1岁以上趾爪白多于红。其次也可看趾爪的长度和弯曲度，看门齿变化、皮板厚薄等来判断年龄。

特别提示

在养兔的实践中，群众总结了很多经验。比如养兔要“六看”：一看兔的品种；二看兔的吃食；三看兔的精神；四看兔的粪便；五看兔的膘情；六看气候变化。根据“六看”的分析，要做好合理喂养及防病治病等工作。

29 肥育兔如何进行饲养管理？（视频9）

分群前准备

驱虫　肉兔催肥前应先进行驱虫。方法是在第1天晚上和第2天早上分别喂给丙硫苯咪唑（按每千克体重10毫克剂量）。

去势　为增进肉兔生长发育和防止兔在肥育期间配种，应在催肥前对公兔去势。

其方法较多，这里介绍4种行之有效的简便方法：

①皮筋缠绕法。左手捏住兔的睾丸，右手拿一根扎发橡皮筋，在睾丸上方阴囊颈部缠绕数圈，箍紧为止，阻碍血液流通。数天后，睾丸便逐渐萎缩，阴囊干瘪，自行脱落。

②阉割法。抓住雄兔，使其仰面朝天躺着，按住四肢。用手将睾丸从腹腔中挤出，捏住不让其滑动，用酒精在准备开刀处消毒。用消过毒的刀片在两睾丸中间切一0.5厘米的小口，用力一挤，睾丸即出，摘下扔掉。将刀口用线缝合，再用酒精消一遍毒，3天后即可愈合。

③人工催眠去势法。将兔仰卧保定，用大拇指和中指掐住兔耳下部，慢慢按摩；另一只手在兔腹胸部由前向后轻轻抚摸，1分钟左右兔就可入睡。此时进行去势手术，兔无痛感，不挣扎。术后停止催眠，兔即可慢慢苏醒。

④药骟法。向兔睾丸内注射MC-1药骟液，注射量通常幼兔每只0.1毫升，青年兔0.2毫升，成年兔0.3毫升。结果表明，药骟的有效率在100%。此方法安全简便，不分季节，用药后不需特殊处理。

预防接种　肥育前应根据兔群情况，每只兔注射兔瘟-巴氏杆菌二联苗1.0毫升。

分群

合理密度　肥育兔应限制运动，因此在实践中应增加密度，按成年兔每平方米 6 ~ 8 只为宜。分群时，每群掌握在 20 ~ 30 只为度，这样可便于管理。

公母分群　分群时最好能公母分开饲喂，这样可有利于饲养管理和肉兔的生长发育。

强弱分群　同一群中，体重、体质应尽量均等，这不仅有利于兔的生长发育，也可在一定程度上防止兔群争斗。

同窝合群　分在同一群的肉兔应尽量是同窝仔兔，如果不是同窝合群，也应选择日龄相同的肉仔兔并群。

加强肥育兔的饲养

合理营养　肥育兔的营养需要应得到充分的满足。

具体可参考下列配方：优质干草粉 50%、玉米 23.5%、大麦 11%、麸皮 5%、豆饼 10%、食盐 0.3%、微量元素 0.1%、多种维生素 0.1%。

定时定量　一般讲，肥育兔一日应喂 3 ~4 次，晚上应喂全天的 50%，早上喂全天的 30%，中午喂 20%。日喂量，断奶后第 1 周为 50 克，以后逐渐增加，直至 150 ~200 克为止。

增加兔群饮水　肥育兔的饮水，最好采用自动饮水器，如条件不允许，应在每次饲喂前后供给饮水，饮水量每只每日不少于 0.3 千克。夏季炎热应增加饮水量，冬季最好饮温水。

加喂夜食　肉兔有昼寝夜行的习性，因此在饲养上应加喂夜食，白天尽量让其休息。

强化肥育兔群的管理

实行全进全出制　这不仅有利于饲养管理，而且也有利于防止兔群发病，提高成活率和育成率。

搞好卫生，保持干燥　应每天打扫兔笼，清除粪便，洗刷饲具，保持兔舍用具清洁卫生，预防疾病发生。

定期消毒　根据实际情况，每 3 ~7 天带兔消毒一次，每半月或 1 月对兔舍周围环境进行消毒，以便有效地杀灭病原微生物，防止兔群发病。

保持环境安静　肉兔胆小易惊，遇有异常响动则竖耳细听，惊慌失措，乱窜不安，这对兔的肥育极为不利，因此在管理上应轻巧细致，保持安静。

做好防暑、防寒工作　最有利肥育兔生长发育的环境温度是15～25℃，因此夏季兔舍内应最好能安排气扇，兔舍门窗应打开，兔舍周围多植树、种丝瓜等进行遮荫，严防气温过高。冬季应加强保温工作，兔舍内生炉或安装暖气，以提高舍温，有利于兔的增重。

特别提示

传统的养兔主要以笼养为主，在肉兔催肥生产中笼养成本较高，限制了肉兔生产。采用群养的方式催肥可取得较好的效果。

30　种公兔如何饲养管理?

种公兔生性好斗，因此要一兔一笼单独喂养，笼的体积也应相应大些。公母兔笼要保持一定距离，避免性刺激，从而影响交配期的性欲。

种公兔的饲养上应注意营养的全面性。所谓全面性是指必须保证足够的蛋白质、矿物质、维生素等饲料。另外，精料、干料和青绿饲料要合理搭配，为的是严防公兔过肥或过瘦。

种公兔的日粮需求量为配合料100～200克，青料700～800克。

实践证明，饲料的变动对精液品质的影响很慢，一般要长达20天才能见效。因此，对一个时期集中使用的种公兔，在配种前20天就应注意调整日粮配合的比例，在喂足全价饲料的同时增喂胡萝卜、米糠，提高公兔的性反射能力。在配种期间也要相应增加饲料的用量。

做种的公兔从小到大都不宜多喂或全喂秸秆或多汁的饲料，以免影响它的体质和品质。

种公兔的配种一定根据不同品种情况，做到合理使用。未到配种年龄的种兔不要配种，以防止公兔的早衰或影响发育。一般是公兔以 1 天使用 2 次为宜，连续 2 天应休息 1 天。初配种的公兔，配种次数可适当减少。

配种时间一般春秋季节宜早晨或下午 4 点后进行，夏季在夜间凉爽时进行，冬季可在中午配种。

配种时，要先将母兔放入公兔笼内，因为公兔比较敏感环境的改变，气味不同会影响配种效果。公兔配种后立即填写配种登记卡。作好精液品质检查，及时发现生产性能优良的公兔，以充分发挥它的种用性能。

特别提示

种公兔饲养管理的好坏与配种的效果、精液质量密切相关，并且直接影响到母兔的受胎、产仔及成活率等，总之公兔对后代的影响大于母兔。俗话说："公兔好，好一坡；母兔好，好一窝"，就是这个道理。

31 母兔如何饲养管理?

母兔的饲养一般分为空怀期、怀孕期、分娩期、哺乳期 4 个阶段。空怀期饲喂要定时、定量、定次数。一般精料每天喂 2 次，共 80 ~ 100 克，青料喂 4 次，共 1000 克，实行先喂草后喂料，以提高采食量，并适当在饲料中补充鱼粉、蚕蛹、胡萝卜、麦芽、贝粉等。

由于母兔在哺乳期大量消耗体内营养，身体比较瘦弱，为了尽快恢复体力，保证下次能正常发情、配种和怀孕的营养需要，母兔怀孕期要喂全价饲料，孕中后期要适当增加精料喂量，分娩前3天应减少精料喂量，分娩2~4天后，逐渐增加精料量，并要多喂些青绿多汁饲料及豆饼、麦麸、豆渣、鱼粉、骨粉、矿物质和少量食盐，以提高泌乳量并防止母兔吃仔兔。

怀孕期是指从配种日算起到分娩，一般要30天，前后可相差2~3天，在怀孕半个月后要增加饲料量以促进胎儿的发育，这时的饲料配方有所改动，到产前3天，适当减少精料，增加青料，防止产仔时奶过多，引起乳房炎。

怀孕期特别是怀孕后期切忌饲喂霉变、腐败、结冰的饲料，以免发生流产。

在母兔怀孕期间不能随便调整兔笼和捕捉兔，应尽量保持安静，以免造成人为性流产。

产前2~3天，把经过消毒的产箱放入笼内，垫草要求柔软干燥，同时把笼底板更换一下，食具重新清洗。

母兔临产时表现为腹疼拒食、阴唇红肿潮湿，这时可准备接产。要避免一切外界干扰，保持环境洁净，如发现垫草被兔粪污染时要及时更换。

当母兔接近分娩时，会自己衔草，并把胸前、肋下和乳房周围的毛拉下，自己作窝。拉毛后5~10小时即将分娩。

母兔拉毛与乳腺的分泌、产乳量都有关系。就是说拉毛拉得早、拉得多的母兔，产奶量就多，产奶就早。如果发现母兔不会拉毛，可等它产仔后，在乳头附近用人工方法帮助它拉毛，这样可以刺激乳腺迅速分泌，也便于仔兔吸奶。

母兔分娩后会立即咬破胞衣，吃掉胎盘，咬断脐带，舐净仔兔身上的血迹浆水。正常的分娩一般要20分钟，母兔产后要及时喂清洁的水和鲜嫩的青饲料，也可喂些温米汤，并加少许盐。

待母兔出窝吃草时，要帮助清理产箱，清点仔兔，重新摆好兔窝，铺上兔毛。在冬春季节要注意保暖防寒，夏秋季则要防热，防蚊虫叮咬，特别要防止热蒸窝。

母兔哺乳一般在天刚亮和黄昏时各 1 次，整个哺乳时间一次只需 3 ~ 5 分钟。为了便于管理，产后 3 ~ 5 天内每天 2 次，5 天后可采用每天早晨 1 次即可。

母兔分娩后 1 ~ 2 天，体质较弱，食欲较差，一般多喂些青饲料，3 天后可适当增加些精饲料。哺乳兔的营养正常与否，可从仔兔的粪便中辨别：若粪便干燥，说明母兔饮水不足；若小兔便稀尿多则可能是饲料中水分过多或其他原因，要及时查找原因及时解决。千万不能让母兔吃霉变的食物，包括窝内不能铺霉烂的垫草。

仔兔出生 18 天后开始吃料，随着日龄的增加，喂给母兔的饲料量也相应增加，直到断奶。

在日常管理中，要做到细心周到，清洁干燥。兔笼、食器、饮具、粪板等都要每天打扫，半月要进行一次消毒。经常检查母兔的乳房、乳头等，若发现硬块、红肿要及时治疗，防止乳房炎的发生。一般以 21 天后整窝仔兔的重量来衡量母兔的健康和泌乳能力。这样可以知道该母兔的生产能力。

特别提示

对产后缺乳的母兔要分别情况对症解决。一种是内分泌不足造成的，可用人工辅助拉毛、或药物催乳的办法解决。一种是营养不良造成的，应在母兔产仔后 10 天左右，在增加其他营养的基础上，增喂蚯蚓 5 ~ 10 条，洗净、烫死，切碎拌料；或者添喂熟黄豆 20 ~ 40 粒，或者加喂些鲜蒲公英及马齿苋等野草，均有效果。

32 仔幼兔如何饲养管理?

自出生到断奶之前称为仔兔。母兔分娩后最初 1 ~2 天分泌的奶叫“初乳”，对仔兔最为重要，一定要让仔兔尽早吃到。

这之后的 10 ~12 天为“睡眠期”，乳汁几乎全部吸收，这时只要保证它们能吃饱即可。如母兔产仔过多，可匀出一部分给其他产仔少的母兔喂养，方法是选产期相差不到 3 天的母兔，将母兔的尿涂在寄养小兔的阴部，或将小兔的尿涂在母兔的鼻部，如临时没有母兔，在农村还可人工哺喂。

仔兔出生后 4 ~5 天开始长毛，12 天左右开眼，此后称“开眼期”。

一般仔兔刚开食时易误食母兔粪便，这样容易患肠胃疾病和球虫病等。因此，开食后一般把仔兔与母兔分开饲养，然后定时喂奶。母仔分笼饲养的好处是:

①使母兔可集中精力休息，很快恢复生产能力。

②仔兔可专食喂养，调理饮食。

③避免大兔粪便中的球虫病等疾病传染仔兔。

即使分笼饲养也要常换晒窝内垫草，保持清洁干燥，一般不少于 3 天 1 次。

仔兔产后常会遇到一些意外。一种情况因母兔怀孕期间营养不良，仔兔瘦弱，造成产后窒息。表现为仔兔不会呼吸，体弱如棉，这时如果经检查发现仔兔发育没有缺陷，而且体温还没冷却时，可以进行人工呼吸抢救。把仔兔放在手掌上，头朝指尖，腹部向上，不断屈指，直到 2 ~3 分钟后仔兔开始自动呼吸，然后放入保温窝箱。另一种情况是仔兔被冻僵。这种情况一般是发生在仔兔因各种原因被带出或扒出产仔箱外。可用 45℃左右的温水放入仔兔，鼻嘴露在外面，1 ~2 分钟后擦干放入仔兔箱，也有立即把仔兔放入胸怀加温的，都适用。还可进行冷刺激。将仔兔短时间接触冰凉地板或冰块等，这时仔兔可能受刺激而全身颤动，再进行人工呼吸后放入温箱。

特别提示

断奶以后的小兔称为幼兔。这时生长速度快，要特别注意科学的饲养管理，尤其是防止发生肠炎和球虫病，这是提高养兔成活率的关键时期。

33 肉兔春季饲养如何管理?

抓好饲料供应 经过一冬饲喂干粗饲料之后，一开春兔子的体质较弱，随着气温渐升，青草逐渐萌芽生长。此时的青草含水量高，容易霉烂变质。所以，要严格掌握饲料品质，不喂霉烂变质或带泥沙、堆积发热的青绿饲料。菠菜、牛皮菜等草酸盐含量较高，影响钙的吸收，多喂可引起腹泻，故应控制使用。

搞好环境卫生 春季雨水多，湿度大，各种病菌易繁殖。所以，要搞好笼、舍的清洁卫生工作，做到勤打扫、勤清理、勤洗刷、勤消毒。地面湿度较大时，可撒草木灰或生石灰等进行防潮、消毒。尽量做到笼、舍内无积粪、无臭味、无污物。

做好预防接种 春季是某些烈性传染病的疫苗接种季节，特别要做好兔瘟、巴氏杆菌和魏氏梭菌疫苗、菌苗的接种工作。

加强检查工作 春季兔发病率较高，尤其是球虫病的危害最大。因此，每天都要检查兔群的健康情况，发现问题及时处理。对食欲不佳、腹部膨胀、腹泻拱背的兔子要及时隔离治疗，发现病死兔应集中销毁，并做好笼舍的清理、消毒工作。

抓好春繁工作 春季气温逐渐转暖，阳光充足，是兔繁殖的好季节。一般兔场以兔繁殖 2 胎为宜。但因种公兔已多时没有配种，附睾中贮存的精子活力较低，畸形较多，影响受胎率和产仔数，以采用复配法为好。

特别提示

南方多阴雨，湿度大，兔病多；北方多风沙，早晚温差大，幼兔发病率、死亡率较高。要防止饲料发生霉变，并搞好兔笼、兔舍内的卫生，做好疫苗接种工作，对兔群的适时检查也很重要。

34 肉兔饲养在夏季如何管理？

做好防暑降温 室内兔舍应打开门窗，使空气流通，但要避免阳光直射兔笼舍。当室内温度高于30℃时，可向地面泼水降温；露天兔场要及早搭好凉棚或种植瓜类、葡萄等攀缘植物。

精心饲养管理 夏季中午炎热，兔食欲不振。因此，每天喂料应早餐早喂，晚餐迟喂，中餐多喂青绿饲料。为预防消化道疾病，可饮0.01%高锰酸钾水；为防暑解渴，可饮1%～2%食盐水；为防球虫病，可饮0.01%～0.02%稀碘水。

搞好环境卫生 及时清除兔舍内的粪便和污物，防止蚊蝇滋生。食盆每次饲喂前应洗涤1次，每周用消毒药水喷洒消毒地面1次。消毒兔笼、兔舍、粪道、粪池等可用10%～20%石灰乳或3%～5%臭药水。3%～5%过氧乙酸喷洒笼舍，对细菌、霉菌、病毒等都有很好的杀灭作用。

加强疾病预防 夏季兔体消瘦，抵抗力减弱，特别容易暴发球虫病，导致幼兔的大批死亡。预防球虫病除投喂药物（如氯苯胍、球虫宁、克球粉、敌菌净等）外，最好实行母仔分养、定期哺乳、大小分群，以减少相互感染。

控制配种繁殖 高温影响兔的繁殖性能，在无防暑降温条件的地区，凡舍温在30℃以上的时节，应停止配种繁殖。同时要对种公兔采取特殊的降温保护措施。

特别提示

兔因汗腺很不发达，常因炎热而食欲减退，抗病力降低。固有“寒冬易过，盛夏难养”之说。做好防暑、防病工作是关键。

35 肉兔饲养在秋季如何管理？

抓紧配种繁殖　秋季出生的仔兔发育良好，体质健壮，成活率高。但因种兔刚度过盛夏，体质较瘦弱，且秋季日照渐短，配种受胎率较低。因此，入秋后应加强饲养管理，有条件的地方，7月底8月初就可安排配种繁殖。

实行科学饲养　成年兔秋季正值换毛期，体质虚弱，食欲较差。因此，要加强营养，多喂青绿饲料，适当增喂蛋白质含量较高的精饲料，禁喂露水草、霜雪草及蓖麻叶、棉花叶等有毒饲料，控制萝卜叶等含亚硝酸盐较高的饲料。

注意精心管理　秋季气温不稳，昼夜温差较大，有时温差可达10～15℃，若管理不善，易暴发感冒、肺炎、肠炎和巴氏杆菌病等疾病。因此，必须精心管理，群养兔每天傍晚应赶回室内，大风或降雨、降温天气，应关好门窗，停止室外活动。

抓好饲料贮备　及时采收饲草饲料，抓好冬季饲料的贮备工作。如采收过晚，饲草纤维化，会使可消化营养成分降低。

加强疾病预防　秋季除应做好兔瘟、巴氏杆菌、魏氏梭菌疫苗、菌苗的接种外，还要防止球虫病的暴发。

特别提示

秋季气温干燥，温度适宜，饲料充足，营养丰富，是饲养繁殖兔的好季节。但秋季早晚温差大，容易引起仔、幼兔感冒、肺炎等疾病，成年兔又将进入换毛期。因此，在饲养管理上应做好配种、饲料储备和疾病防治工作。

36 肉兔冬季饲养应如何管理？

搞好防寒保温 兔怕热，比较耐寒，但其耐寒能力有一定限度，气温降至5℃以下就会感到不适。因此，冬季应做好防寒保温工作，切忌忽冷忽热，室内笼养兔要关好门窗，防止贼风侵袭，室外笼养兔应挂好草帘，防止寒风侵入。冬季养兔宜适当增加密度，仔、幼兔切勿单笼饲养。

抓好冬繁配种 只要认真抓好防寒保温，冬季繁殖配种可获得较好的效果，尤其是仔、幼兔成活率高，疾病少。在实际生产中，要做好产箱的保温工作，垫草干燥、柔软、保温性强，保持舍温在5℃以上。

增补饲料供量 冬季因气温低，兔子热能消耗多，所以不论大小兔每天的喂料量应比平时高20%～30%，适当增加高能量饲料的比例。另外，冬季因缺乏青绿饲料，易发生维生素缺乏症，应设法饲喂一些菜叶、胡萝卜、大麦芽等，以补充维生素的不足。

注意卫生管理 冬季为了保温，兔舍密闭性增加，通风不畅，有害气体增多，易诱发多种呼吸道疾病。因此，晴朗天气应打开门窗，对仔兔巢箱要加强管理，做到勤清理、勤换草，保持清洁、干燥，冬季疥癣病多发，要经常注意检查和防治。

兔群整顿工作 秋末冬初应对兔群开展一次全面的整顿工作，留优汰劣。冬季是较好的宰杀取皮季节，商品兔在宰杀前应经专门饲养，以提高兔皮品质。

特别提示

冬季风寒天冷，日短夜长，青饲料缺乏，尤其是北方，给饲养兔带来了不少困难。因此，做好防寒、防冻工作是关键。

肉兔的繁殖技术

> 繁殖是饲养肉兔中的重要环节，掌握好这门技术不仅可以在较短的时间内获得较多的种兔和商品兔，而且对兔的生产量和质量都有很大的影响。肉兔一年四季都可繁殖，但每个季节的繁殖效果都有较大差异。为此，饲养户要根据自己生产经营情况，选择不同的繁殖季节。

37 肉兔配种技术要点有哪些？

了解兔的性成熟规律 从下表中我们可以看到，不同品种的兔的性成熟期和适配期是各不相同的，过早或过迟配种，对兔的生长和繁殖出的后代都非常不好。因此，初配年龄应掌握在体重达到成年体重的75%时为宜，为了防止早配和近亲交配，性成熟前公母兔应隔开饲养（见表7-1）。

表7-1 各品种母兔性成熟及配种年龄

大型品种母兔	4~5月性成熟
中型品种母兔	3.5~4.5月性成熟
小型品种母兔	3~4月性成熟
配种适宜期	较性成熟期推迟1.5~2个月
公母区别	公兔较母兔晚配1个月

正常繁殖的母兔在1个月内一般可以发情2~3次，每次持续3~5天。发情时表现为兴奋不安，食欲下降，跺脚，啃咬腿毛，爬跨他兔或拉毛衔草等。翻开阴门，可见阴部肿胀，黏膜潮红。初期为粉红色，中期为大红色。后期为紫黑色。群众总结说："粉红早，紫黑迟，大红正当时"，是指配种的最佳时间为中期，即发情后的2~3天，这时的受胎率最高。

配种的方式 有自然交配、人工辅助交配、人工强迫交配、人工授精和冷冻精液颗粒输精等。目前，在农村适宜使用前3种方式，其中人工辅助配种是较好的办法，这样能控制公兔的交配次数，便于掌握母兔的受孕情况及有计划地进行繁殖。强迫交配是用于母兔没有发情，或拒绝交配时采用的方法。

交配时可以用一根细绳拴住母兔尾尖，公兔爬跨时，稍一用力公兔即可完成射精。

人工授精技术适用于较大的种兔场，操作人员要经专门培训才能掌握，这里不做细述。

配种时应注意的事项

①公兔每天只能交配1~2次，连配2天应休息1天。

②超过15~20天不用的种公兔，第1次可能配不上，要复配1次。

③配种时，兔舍适宜温度在10~25℃以内最佳。

④笼养的公母兔，交配时必须把母兔拿入公兔笼内，否则容易拒配。

⑤配种春秋季全天都行，夏季宜在早晚，冬季宜在中午。

⑥为防止母兔阴道内精液逆流，配种后立即用手突然轻拍母兔背部，使其身体紧缩，将精液吸入身体内部，如遇母兔排尿，应复配1次。

⑦判断公兔是否射精，当公兔发出"咕"的叫声，斜倒一侧并频频顿足，这时就可能已射精，或翻开母兔阴部察看有无精液，

如发现没有射精，应立即复配。

特别提示

人工辅助配种是较好的办法，这样能控制公兔的交配次数，便于掌握母兔的受孕情况及有计划地进行繁殖。强迫交配是用于母兔没有发情，或拒绝交配时采用的方法。

38 种兔如何选择与繁殖?

种兔公母比例 种兔公母比例，自然交配一般应为1∶(8～10)。但在实际留种中，应掌握在1∶4或1∶5，这样便于机动选择公兔。

种兔的利用年限 公母兔的生殖能力，到一定时期便会衰退，我们一般提倡种兔可利用到3岁左右，个别优秀的种兔可延长到4～5岁，以后应及时淘汰更新。这样才能保证后代品质优良。

繁殖窝数 俗话说“兔子1年12窝”，说明兔的自然生育力是很强的。但在实际生产中要考虑到季节和哺乳期以及成活率等因素。一般皮肉兔以一年繁殖5～6窝，毛兔4～5窝为宜，比如在安徽除避开7～8月的高温酷暑时期，其他时间均可繁殖。

催情方法 成年母兔一般都能自然周期性地发情，但也可在不发情的状况下人工刺激发情，这样可使母兔同期发情，加快繁殖速度。具体方法有很多种：

①用2%的稀碘酊，或少许清凉油涂抹在兔的外阴唇上，可以很快地刺激母兔发情。

②用公兔纠缠催情，每次追逐5～10分钟，将母兔移开，数次后，等12小时后母兔就会发情。

③用左手抓起母兔的尾根部，右手以轻快的频率拍其阴部，到母兔自愿举臀时，即可送入公兔笼内交配。

④气息催情：将母兔捉入公兔笼内，任公兔追逐爬跨，过一段时间后将公兔捉出，让母兔在公兔笼中过夜，以充分接受公兔气息，第2天母兔便会发情，再进行配种。

⑤药物催情：在母兔股内侧肌注绒毛膜促性腺激素50～100单位，注射后4～6小时即可配种。通常可采用的药物还有孕马血清促性腺激素、乙烯雌酚、促排尿3号等，按照一定剂量注射，效果都比较明显。

频密繁殖 频密繁殖又称"血配"，是指在母兔生产后的1～3天内配种。产仔后15天配种的叫半频密繁殖。频密繁殖的好处是受孕率高，产仔率高，一般农户中散养肉兔时，常因兔子自己频密繁殖而能生出许多仔兔。但关键是要加强对母兔和仔兔的饲养管理，否则会影响成活率，也易造成近亲繁殖。作为育种我们不提倡，养商品兔可以采用半频密繁殖，但不宜连续进行。

特别提示

成年母兔一般都能自然周期性地发情，但也可在不发情的状况下人工刺激发情，这样可使母兔同期发情，加快繁殖速度。作为育种我们不提倡频密繁殖，养商品兔可以采用半频密繁殖，但不宜连续进行。

39 如何对肉兔进行怀孕检查？

兔的怀孕期一般30～31天，最短的27天，最长的36天。为了掌握生产情况，要及时检查母兔是否受孕。方法是在配种后的8～12天内，用左手抓兔，右手轻轻地摸，如果腹部柔软平滑，可能没有受孕；如果能摸到像花生米大小滑动的扁圆肉球，则可能是10天左右的胎儿；如果有核桃大小，则有15天；到20天左右胎儿就能摸出肢节了。10天左右的胎儿是均匀排布在腹部两侧的，摸起来光滑有弹性。注意不要将胎儿与粪便混淆，粪便一般较硬，且时有时无，也不要把位置偏后的左肾误认为胎儿。摸胎时，动作一定要轻柔，以免造成流产。

特别提示

配种后5~7天可复配1次，如这时母兔拒配，则可能已受孕，还可以通过称重发现重量明显增加来判断。

40 肉兔不孕有哪些因素？如何提高繁殖率？

不孕原因 造成母兔不孕的因素大致可以从以下几个方面去分析：

一是营养条件，公兔和母兔过肥或过瘦及矿物质微量元素缺乏等都会影响它们的生殖率；

二是看公兔是否配种次数过多，或长期不配而造成精液质量不高；

三是检查公、母兔的生殖器官是否有问题；

四是看笼舍条件、气温、气候等因素对兔是否有影响。

提高繁殖力的措施

首先要选良好的种公、母兔；

其次是配种要适时，不宜过早或过晚；

三是加强营养，种公兔配种前的15~20天，要加喂蛋白质含量较高的精料，矿物质和维生素等都要全面，并适当加强运动；

四是安排好季节，避开换毛期和高温期；

五是及时淘汰病弱兔；

六是可用另一只公兔复配。

选种 这里所说的选种是指在购买种兔或选留后备兔时的基本参数。

当确定要饲养某种种兔时，首先要考虑它是否合乎其品种标准，如外貌特征、体重指标和各种生产性能等。其次是种兔应健康无病，发育良好，被毛有光泽，鼻子里没有黏涕，皮下没有肿瘤，肛门和阴部干燥洁净。公兔要反应机敏，两睾丸发育匀称。母兔要母性较强，乳头不少于4对，孕后不易流产，会拉毛做窝，产仔顺利，不吃仔兔，不在窝内拉屎，泌乳量大，产仔多并发情交配正常等等。这样的兔可称为好兔。

特别提示

在选兔时还要注意系谱特征，比如已是第几代的种兔，性状如何等等，特别要强调的是不能购买近亲交配的后代，也就是说血缘关系至少在3代以上。

41 肉兔如意繁育法有哪些优点？

可实现肉兔计划性生产 为实现养兔规模效益，必须根据生产需要，适时出栏，这就要实现计划配种。如意繁育法就可以做到这点。肉兔排卵是母兔发情交配的结果，而不是发情的结果，如果在一个发情期内没有配种刺激，那么母兔的卵就排不出来，而在体内被吸收。因此，对具适合配种年龄、膘情的母兔，无论发情与否，都可按计划进行人工强行交配而使之受孕，从而实行计划性生产。

可对母兔胎产仔兔数量进行控制 留种用的仔兔，应控制在胎产6只左右，这样的仔兔发育好，种用价值高；如果是商品生产，对仔兔需求量大时，胎产应控制在9只以上。在生产上需要对母兔胎产数量进行控制。肉兔第1次交配主要是刺激母兔排卵，但需经10～12小时才开始排卵，卵子经2小时左右才能运动到精卵结合部位。公兔精子虽然可存活24小时左右，但是精子排出12

小时后其活力及浓度均有所下降，因而降低了受胎率。如果在第1次配种后7～8小时后再进行第2次配种，当精液运动到与卵子结合部位时，正好与卵子相遇，就会提高受胎率。掌握了这些，就可以控制母兔胎产仔兔的多少。

可对仔兔雌雄比例进行适当控制 如为育种或是扩群，就需要多产雌仔，如为育肥商品生产，就要多产雄仔。如意繁育法可以做到对所产仔兔雌雄比例进行适当控制。长时间没配种的公兔，第1次配种时，受孕母兔产公仔多些，用经常配种的公兔配种，受孕母兔产母仔多些。

实行母、仔分离饲养，实现冬季不间断繁育 分娩后的仔箱立即取出，单独存放。温度在15℃以上可以平摞起来，15℃以下每层间加盖棉垫，零下10℃以下，甚至在零下25℃时，产箱周围加防寒设施，如围上棉被等防寒设施，产箱内温度应保持20℃以上。以后定时哺乳，既保证了仔兔安全，又防止了老鼠伤害。母仔分离，在冬季严寒季节正常繁殖，既降低了生产成本，又控制了因封闭取暖而引发的兔呼吸道病及母兔和仔兔交叉感染的其他病害；同时也防止了常规哺乳法母兔把仔兔带出产箱而冻死的现象，从而提高了仔兔成活率。

实行仔兔重新组群，哺乳母兔公用化 将分娩后的仔兔按发育程度，重新组合成群，把体质发育相同的仔兔调整到同一产箱内。采取一定措施，使产仔母兔失去对产箱及仔兔气味的识别能力，实现所有哺乳母兔公用化，即每个产仔母兔可以哺乳所有仔兔，按母兔的泌乳量，合理负担哺乳仔兔。甚至在哺乳过程中，还可根据需要，重新组合，调换产箱。从而提高仔兔的成活率，提高经济效益。

特别提示

随着养兔业的发展，传统的肉兔繁殖方法已不适应生产的需要。肉兔如意繁殖法对加快养兔业的发展，提高养兔业的经济效益将起到一定作用。

兔的产品加工及利用

皮肉兔的主要产品是兔肉、兔皮，其他副产品，如兔粪、内脏、耳朵等，也有一定的经济价值。本章仅介绍主要的产品加工及利用。

42 兔肉如何加工?

冻兔肉的加工 目前，我国出口的冻兔肉有带骨的、带骨分割的、去骨的三种。冻兔肉的加工，工艺复杂，是冷冻皮肉食品加工厂的一项专门技术。

商品活兔经过质量验收、称重后运到屠宰场饲养，在宰前24小时内，供给充足的饮水，不喂饲料，同时兽医进行宰前疾病检查，剔出病兔，然后将健康兔送入屠宰车间，屠宰加工程序如下：

电麻→淋浴→挂腿→抹脖放血→截双前肢和左后肢→割尾巴→挑腿剥皮→去头→开剖→取内脏→淋浴冲洗→用清洁白毛巾擦净→剪左后肢→修割整理→挤尽后腿动脉血液→擦净肉体→肉尸检查分级→排酸→预冷→剔骨→小包装袋或塑料包装→检斤过磅→装箱打包→速冻→冷藏。加工工序与设备有联系，如机械或半机械化加工车间的加工顺序，是先宰杀放血，后淋浴，而手工操作则是先淋浴，后宰杀放血。总的质量要求是：肉体无病变，膘情丰满，无刀伤，无淤血，无毛，无碎骨渣，无杂质，色泽水红新鲜，包装美观牢固。以上系指商品冻兔肉加工厂的生产程序，小量或个体户屠宰加工兔肉方法，可自行采取灵活简便的方法。

特别提示

冻兔肉是我国出口的主要肉类品种之一。冷冻保存不但可阻止微生物生长、繁殖，还能促进物理、化学变化而改善肉质，所以冻兔肉具有色泽不变、品质良好的特点。

43 鲜兔肉如何烹调与贮藏？

兔的胴体各部位肉，品质上略有差别，以里脊、通脊、后腿为最好，前腿、肋条、胸脯较次。

兔肉是由许多肌束组成的，各肌束有纤维组织的膜包裹，因此小小一块肉中会有许多纤维膜，为了便于肉在烧制后易于咀嚼，兔肉要横切，不宜斜切或顺切，可以切成块、片、丁，但因肉嫩不宜切成条、丝、束。兔肉细嫩多汁，水分多，在烹调上可采取不对水或对少量鲜汁的烧制法。不对水的烧制法是明炉烤、炭灰煨、油炸、旺火炒。对少量鲜汁的烧制法是红烧、炸烹，但需先出水。方法是：把肉置水锅里煮开 1 ~ 2 分钟后，倒出煮肉水，对入少量鲜味的汤汁，并加入各种调味料，如姜、葱、酒、酱、蒜、辣椒、花椒、茴香、八角等。鲜味汤汁可用其他的骨肉汤、鲜菇汤等，使兔肉“锦上添花”。近年来各地兔肉采用了烤卤等方法进行加工调制，其色鲜味美，很受人们欢迎。

特别提示

兔肉的贮藏，除以上讲的冷冻外，家庭一般也可采用干藏法。但要去掉头、尾、爪、内脏。胴体只能用干布抹净血污，不宜水洗。干藏法分为风干、烟熏两种。此法一般只用酱油浸1~2天，不用盐腌制。浸酱后，将葱、蒜、花椒、姜等佐料加五香粉塞进膛内，悬挂于通风处风干，或在烟火上熏干至黑，可以保存数月。

44 如何屠宰？如何剥皮和晾干兔皮？（视频10）

取皮时间 为了适应严冬的气温环境，肉兔进入秋季后就要进行换毛，脱去夏毛，换上抵御寒冷的冬毛，这时被毛最浓密，毛的颜色和光泽也较好。所以每年立冬后到翌年立春前的毛皮最佳，此时也是最理想的取皮时间。就年龄来说，不足1岁的兔，被毛不丰满，皮板太薄；四岁以上的兔过老，被毛粗糙，失去光泽；而1岁以上3岁以下的兔皮为优良。春季、秋季肉兔处在换毛期，皮张质量较差。

屠宰 兔屠宰方法很多，除了冻兔肉加工厂用的机械化或半机械化方法之外，对于珍贵的皮用兔的屠宰，还应考虑不伤皮张和不污染毛绒的较理想的屠宰方法。

棒击法 倒拎兔的后脚，使兔头下垂，用光滑的粗胶棒(直径3~4厘米)猛击后头部，损伤延脑的生命中枢，引起死亡。若用力过猛，易造成鼻孔出血，遇此情况应让血从鼻腔中淌尽。

放血法 如大量屠宰，而且要生产放血的兔肉，多采用此法。先电麻，后用刀切断颈动脉，倒悬兔体让血流尽。

射注空气法 即对耳静脉或心脏注射空气。体重4~5千克的兔，利用注射器注入空气5~6毫升，在2~3分钟内即死。

灌醋法 肉兔对过量的食醋较为敏感，体重 4 千克的肉兔，灌服食醋 30 ~ 50 毫升后，很快出现呼吸困难，心脏衰弱，口吐白沫而死。

剥皮 兔屠宰后应及时剥皮，尸体僵硬后，皮肉不易分离。先剪去前肢和后肢，将右后腿挂在架子铁钩上，用小尖刀从左后腿与右后腿分毛挑开后裆，使皮肉分开，用退套的方法把皮剥下，使其成为皮板朝外的圆筒皮。再从兔皮腹部中间直线用刀剖开，然后剖前后腿皮，割掉头皮。

晾干 晾干方法有两种。

干燥法 将剖开的鲜皮随即贴于席上或用细砂搓板，按自然皮形毛朝下，皮板朝上，用手铺平成方形，晾在干净平坦的地上即可，但不要在烈日下暴晒，以防皮板出油变质。也可将皮板展开，用小钉固定在木板上，毛皮固定于架上、或墙壁上，毛面向板，肉面向外。用钉固定成长方形，每 3 厘米左右固定一钉。

盐腌法 夏季阴雨天为了防止鲜皮霉烂变质，应将剥开的鲜兔皮逐张撒放细盐，或用缸将盐化成盐水，把皮浸放在盐水里，待天气晴朗后，把兔皮取出，去掉盐料，沥净盐水，在阴凉处晾干。

保管 将晾干的兔皮再反复检查，注意皮边打卷处是否干透，以防霉烂。对完全干透的兔皮，进行打捆或包装。晾干板皮在夏秋季节，打捆包装时要施放精萘粉、樟脑粉等防虫剂。

鞣制 鞣制的目的是将生皮制成柔软、丰满、具有工艺产品要求的毛皮。工业上常用的铝－铬鞣制法的过程大致如下：

准备阶段

①选皮。根据生皮的厚薄、成熟程度分别组成生产批次。

②称重。将选定并分批的兔皮称重，作为浸水、脱脂和复浸工序的依据。

③浸水。一般的用水量是以皮张与水之比来估计的，大致为

1∶(16～20)，不能使皮张露出水面，水温为常温(20℃左右)，浸泡时间大约20～24小时，浸水时可在水中加入适量的酸、甲醛或漂白粉等药剂。

④脱脂。常用的有乳化法和皂化法。在毛皮工业生产中，常用的是乳化法。即用肥皂或洗衣粉之类活性物质进行脱脂，每毫升加入洗衣粉3克，纯碱0.5克，溶液和皮的重量一般为1∶(10～20)，pH值10，温度在38～40℃，时间为40分钟。皂化法是用石碱来脱脂，易使毛的角质受到破坏。

⑤复浸。将皮张投入浸液中浸泡16～20小时，每隔2小时划动1次，每次10～15分钟。复浸液可按1∶(16～18)的液体比先将水准备好，然后加入芒硝30克/升，硫酸(66Be′)，1～1.2克/升，调匀后加温至30～32℃。

⑥揭里肉。在上去肉机之前，先用手工揭去结缔组织，然后再上去肉机上磨净。

⑦称重。将经上述处理后的皮张再次称重。

⑧软化浸酸。常用的原料是：3350酸性蛋白酶3～5毫克/升，食盐30克/升，芒硝60克/升，硫酸(66Be′)3克/升，分两次加入。

鞣制工序

①鞣液配制。三氧化二铬0.6克/升，氧化铝1.0～1.5克/升，食盐30克/升，芒硝60克/升，硫酸1克/升，湿润剂(JFC)0.3克/升，滑石粉20克/升。按1∶(6～8)的液比先加入食盐、芒硝和硫酸，最后加入铝液、铬液及其他原料，混匀后调整pH值为3.8～4.0。但因氧化铝和三氧化二铬都不溶于水，所以实际需采用碱式硫酸铝、硫酸铬或明矾，其用量标准仍按上述方法计算。

②操作程序。槽内放入水后，先加食盐、芒硝、硫酸，再加铬液和铝液。待溶解后测定浓度，加入皮张，先划动10～15分钟后改间歇划动。8～12小时后加温至38℃，经22～24小时，再加

纯碱 1～1.5 克/升，pH 值调至 3.5，再加温至 40℃，32～36 小时后加入小苏打 1～2 克/升，pH 值调到 3.9～4.0，48 小时后测定皮板收缩温度达 80℃以上，即可将皮取出（即所谓出皮）。

③静置、水洗、甩干。

④加脂、干燥。原料用合成油脂或天然油脂。常采用涂刷与浸泡两种方法。2 小时后进行自然干燥或人工干燥。

整理工序　经上述鞣制的兔皮，最后还要进行滚围、除灰、铲皮和整形等处理。

特别提示

兔皮分为毛皮和皮板两部分，毛皮是未经去毛被而加工鞣制成的产品，主要用于御寒；板皮是除去毛被后经过鞣制成的产品，主要用于制革和工业用。皮肉兔的皮，以毛皮为主，大量用于制裘，板皮较次，残旧皮才用于制革。

45 兔粪液如何制作与施用？

实践证明，用兔粪液喷施农作物，不仅用量少，肥效快，增产效果也很显著。其制作方法各地不尽相同，但比较科学的方法是将新鲜兔粪加适量水堆成圆堆，用湿泥密封发酵，待温度达到 26℃以上时取出，按 1 千克净兔粪加 10 千克水比例，放入缸内密封浸泡 3～5 天，用纱布滤出粪渣，过滤液装入缸内密封待用。这种方法有利于保持肥效。

兔粪液喷施的时间，以晴天的上午 8～10 时或下午 3～4 时为宜。露水大、雨天或雨前均不宜喷施。以免肥料流失，影响喷肥效果。如山东省施用兔粪液，每千克粪液加水 4～7.5 千克，每亩用量为 12～15 千克，小麦分穗、扬花、灌浆等三个时期连续施用。福建省则是在水稻分穗期每亩用液 3～4 千克，每千克加水

3.5～4.5千克；扬花期每亩用液3～4千克，每千克加水2.5～4千克；灌浆期每亩用液6～8千克，每千克渗水2～2.5千克。三个时期以灌浆期喷施为佳。各地经验证明用兔粪液进行作物根外喷施，是提高单位面积产量，降低成本的有效增产措施。

特别提示

皮肉兔全身都是宝，除兔肉、毛皮以及内脏等各种副产品各有用途外，兔粪也是一种优质的有机肥料。但兔粪的施用方法不同，所取得的增产效果也不同。兔粪的发酵和施用，除制作兔粪液外，同其他牲畜粪肥大体相同。

46 兔粪尿对农业生产的作用有哪些？

肥效高，肥力长

①用兔粪做底肥和追肥，较用其他畜粪能明显地提高产量。

②用兔粪做果园、竹园、茶园的基肥，能保证果、林、茶、竹长势良好，取得丰收。

③兔粪肥效一般可延至4～5年，而第1年氮素仅利用20%～50%，磷、钾利用较多些。

④鱼塘里施上兔肥，可增加磷素，使鱼产量大幅度提高。

抗病虫害能力强

①据内蒙古商都县沙图乡试验，兔粪施到土豆地里，土豆虫害株数为1%～3%，而施羊粪的为20%～25%，施猪粪的为25%～28%。谷地施用兔粪后不发生白发病，施羊粪白发病发病率19%，施猪粪为17%。

②辽宁省朝阳县东大道乡郭丈子中学在熟地和新垫地上种高粱作试验发现，上土粪的地块发生黏虫，上兔粪的没有发生黏虫。

③河北省晋州市城关乡十里铺种了7亩棉田，每亩施兔粪一

大车，棉花地里不发生地老虎。将兔粪施在番茄、白菜、豆角、辣椒等蔬菜的根部，可防地下害虫咬幼苗根部。

④兔粪内含有氨，把兔粪点燃，用粪烟熏，可杀死蚕室的僵蚕菌。

压碱 河北省围场县城关镇，用3亩土质较差的盐碱地作试种玉米对比田。一半地施兔粪1000千克，牛粪3000千克，共4000千克，结果土地暄松，平均亩产404千克；而另一半地施猪牛粪4000千克，结果土质板结，平均亩产只有202千克。

特别提示

兔粪尿在养殖业中的应用很广泛，兔粪尿也可以用来喂猪、鸡和鱼。国内外这样的例子很多，请查阅有关资料。

9 肉兔疾病防治

兔属于小型草食动物，容易生病，可能是遗传、营养、管理等因素造成。大多数是由于外界影响，如温度、湿度不适，饲料配合不妥，饲料变质腐败，喂食过饱过饥，饮水不洁，兔舍通风不良或太脏，或者兔的运动不多，阳光不足，应激因素等等。疾病的主要传播途径是消化道、呼吸道、伤口以及交配感染。

47 肉兔疾病预防的基础知识有哪些？（视频 11）

肉兔病症检查 健康兔食欲旺盛，喂料在 15～30 分钟内吃完，行动活泼，眼睛明亮干净，口鼻清洁，耳色粉红，耳内没有脏物，粪便圆润有弹力，毛色浓密有光泽。

病兔行动迟滞，吃料少或不吃，饮水量上升，耳色过红（发烧）或发青（低温）。粪便上有一尖头，表明有早期肠胃病；粪烂臭是伤食；稀薄是腹泻；稀薄且带透明胶状物，恶臭是痢疾；粪干硬细小是便秘；毛色散乱无光泽，多数是得了慢性病。

肉兔的正常体温是 38.5～39.8℃，仔兔略高些。夏季高于冬季，下午高于上午，白天高于夜晚，均差0.5℃。肉兔发烧可能是急性传染病；而体温偏低则可能是贫血造成的。测温多用温度计从肛门插入法。

治疗手段 当查明病症后，可向当地兽医站咨询购买对症药物进行治疗。常用的方法有：

①注射法：如皮下注射、肌肉注射、皮内注射、静脉注射。

②灌喂法。

③灌肠法。

卫生防疫措施 对肉兔来说，它的有效生长期比较短，一旦生了病，即使能治好，在经济上往往会受到一定的损失。因此，要着重它的卫生防疫，做到防患于未然。

首先是物理消毒，也就是经常清扫洗涮，通过日光暴晒、煮沸等方法清除病原体。

其次介绍几种常用的化学药物消毒方法：如20%～30%的草木灰、10%～20%的石灰乳剂、10%臭药水、3%～5%的来苏儿溶液、2%～10%的烧碱水、10%～20%的漂白粉等喷撒地面和用器。

另外，还有熏蒸法，即高锰酸钾加福尔马林等熏蒸消毒。还有喷灯火焰消毒法等等，都有明显效果。

对病兔和可疑兔要及时进行隔离观察治疗。病死的兔子要深埋或烧掉，千万不能乱扔或食用。

肉兔在繁殖时还要注意防止猫、狗、鼠、虫等危害。定期按免疫程序进行预防接种，有计划地进行药物预防兔瘟病、球虫病等。

特别提示

兔粪的氮、磷、钾含量高于其他家畜，能为农业上提供优质肥料；肉兔属于草食动物，耗精料少，具有节粮型的特点；兔子除了肉、毛、皮之外，内脏、血液等副产品都可以综合利用，如用于生产药品的原料、生化医药试剂、粘合剂等。

48 养兔场兔病发生有哪些特点?

传染病、疫病危害性增大 原来传统的饲养方式，兔群规模小，饲养密度低，疫病传播受到一定限制，即使发生传染性疾病，只要能及时采取措施，即可较快加以控制。而在集约化的饲养场，由于规模大，群体密度高，一旦疫病侵入，就会引起暴发性流行，造成很大的经济损失。

细菌性传染病严重性加大 由于饲养环境的污染，细菌性疾病有所增多，除原先发现的A型魏氏梭菌病、巴氏杆菌病外，大肠杆菌病、沙门氏菌病、波氏杆菌病等也明显增多。一些养兔场，在防治疫病过程中，抗生素类药物应用颇为普遍，由于没有考虑交替用药，而使细菌耐药性越来越强。也有的在饲料中添加抗生素，导致一些菌株的抗药性。

混合性感染不容忽视 在我们防治疾病过程中，一般多注意对一个病的防治，但在实际临床实践中，往往会发现混合感染。由于在疫病发生过程中，机体抵抗力低，一种病原微生物侵袭的结果，可以引起其他病原微生物的继发感染，或者两种以上病原微生物同时混合感染。

有些病在临床症状及病理解剖上出现新的变化 当前最为严重的仍属兔病毒性出血症，常见症状是病兔体温升高，精神欠佳，食欲减退，濒死前可出现短时间的兴奋、挣扎，而前肢伏地，全身颤抖，侧卧，四肢不断作划船状，病程一般12~48小时。近年发现兔病毒性出血症病程明显拖长，有的可维持好几天，似呈慢性型，症状表现为头低下触地，多数有流涎，四肢趴开，似瘫痪状，最终多衰竭而死。病理剖解呈现胸腺水肿、出血以及肺淤血、出血。且以90日龄以内幼兔居多。

特别提示

要想保持机体良好的免疫水平，除免疫及药物预防外，饲养管理状况甚为重要。在集约化兔场如果没有优质的全价饲料保证，没有良好、清洁卫生的环境，没有科学饲养和科学管理的措施，兔的发病率则必然会上升。

49 养兔场兔病如何防治？

重视环境卫生和消毒措施 在密集饲养条件下，假如不注意保持清洁及通风良好的环境卫生条件，则可由于环境的污染而导致病原微生物的侵袭。因此，在日常的饲养管理工作中，要重视勤打扫、保清洁，定期应用消毒药水对环境、笼舍、食具等进行消毒。

注意饲料及饲草的卫生和质量 在有条件的饲养场，尽量用按科学饲养配制好的全价颗粒饲料，但对许多养兔户来讲，往往还是靠自己割的草或多余蔬菜来喂养。为了防止病菌或寄生虫卵的侵害，对饲草应该作适当的处理，如过脏的草应该漂洗晾干再喂。另外还要根据不同类型兔生长发育的要求，注意饲草与饲料的合理搭配，保证肉兔的营养需求。

加强健康监测，合理而适时地对兔进行免疫预防 预防接种是控制传染病发生的一种重要手段。要消灭或净化一种疫病，除免疫接种外，还需采取综合性的预防措施，这包括经常观察兔群健康状况，对疫病的发生及时作出正确的诊断和处理，减少损失。对病兔要隔离检查，以防在健康兔舍传播疫病，对病死兔要进行无害处理等等，这样才能做到减少疾病的发生及控制病原微生物的侵袭。

隔离 兔场一旦发生疫病，应尽快采取隔离措施，将病兔、可疑病兔与健康兔分群隔离饲养，及时控制和消灭传染源，从而达到消灭传染病的目的。如兔瘟，是一种急性烈性传染病，一旦发生，传播十分迅速，在新区其死亡率相当高，有的兔场几乎全群覆没。这种病主要是接触传染，所以，如果将潜伏期兔和病兔出售，将带来严重后果，造成很大经济损失。再如疥癣病，传播也很快，病兔易消瘦，青幼兔的死亡率也较高。对这些接触性传染病，作好隔离就显得十分重要。在购进种兔时，应隔离饲养观察一个月确认健康后再混群饲养。

治疗病兔 对患病兔及时进行治疗，既可减少死亡所造成的经济损失，又可控制传染病的流行。治疗的前提是先确诊，搞清是什么病，做到对症用药，就会收到满意的效果。

在治疗前如果能将分离到的细菌进行抑菌试制，在药物的选择上将会更具有针对性。治疗时应严格掌握用药剂量和疗程。长期使用低浓度药品不但疗效差，而且还容易产生耐药性。

淘汰病兔 对那些老弱病残和久治不愈的兔应予以淘汰。因为这些带菌的病兔不但耗费饲料、药品、人工等，而且会成为病原的发源地，很难根除。

病死兔处理 病死兔是主要的传染来源，所以死亡兔不要在兔舍内解剖，应在离兔舍一定距离的地方挖坑埋掉，烧掉更好。接触过的用具要进行消毒，工作人员手及鞋都应该进行消毒，不然就会传播病菌，是十分危险的。

特别提示

对于粪便处理，也应该特别注意，某些肠道疾病是通过粪尿传播的，像球虫、大肠杆菌、沙门氏杆菌等都可能通过粪尿及排泄物污染饲料、饮水和用具等传播，所以应将粪便堆积发酵处理。粪便堆积发酵产生的热量和氨气可以将球虫卵囊和多数其他微生物杀死。疫病防治是一项复杂的工程，采取综合防治措施可以收到较为满意的效果。

防治

预防

①坚持常年消灭鼠类及吸血昆虫；兔舍、兔笼、用具、兔体保持清洁卫生。兔舍通风换气，定期用碳酸氢钠溶液消毒。

②加强饲养管理，千万不要喂发霉的饲料，增加青料，在日粮中增加胡萝卜素。

③消灭体外寄生虫，用咪康唑溶液进行药浴。病情严重的要淘汰。

④本病为人兔共患病，特别是对儿童防止人身感染，工作人员注意人身防护工作。

治疗　可用制霉菌素、两性霉素 B 和灰黄霉素、克霉净等进行治疗，效果很好。

①灰黄霉素 25 毫克/千克体重，拌料或用水制成悬液，内服。外部先用 10% 碘酊后，涂擦克霉净 1 号或 7 号，连用 10 余天，治愈率为 95% 。

②兔体进行消毒，兔笼、兔舍、地面、用具等用 3% 烧碱水消毒，净化环境。粪便和尿用 10% ~20% 石灰乳消毒深埋，死兔一律烧毁处理。

③加强饲养管理，注意防治螨病、球虫病及葡萄球菌病发生。

特别提示

兔真菌依附于动植物体上，生存于土壤中，或存在于各体外环境。不同性别、年龄、品种的兔均易感染，但主要侵害仔兔和幼兔为主，侵害皮肤和被毛。本病除感染兔外，也感染各种畜禽，野生动物和人。一年四季均可发生，但以春季和秋季换毛季节多发。病兔和带菌兔是主要传染源。通过直接接触，或经被传染的土壤、饮水、饲料、用具等传染媒介而感染。兔舍拥挤、潮湿、卫生条件恶劣等可诱发本病。仔兔和幼兔发病率高。

52 兔腹泻如何防治？（视频12）

由于兔笼潮湿，使兔腹部过度受凉引起的疾病。

症状 病兔粪便稀薄呈糊状，粘满肛门周围与毛粘结成块，精神萎靡，食欲减退，逐日消瘦。

治疗

①内服植物油10～15毫升，8～10小时后，再用绿茶叶5克煎成约一碗浓汁，连同茶叶分几次喂完；

②取用少量木炭粉或锅底灰拌饲料投喂，同时停喂青料，改喂干草或干饲料。

53 如何防治兔感冒？

此病多由于气候改变、寒热不均、兔舍湿度过大及管理不当，使兔受凉所致。

症状 病兔呼吸加快，咳嗽、鼻中排出水样鼻涕，后结成硬痂，阻塞鼻道，致使呼吸困难，精神不振，食欲不良，不喜动，常呆立。

治疗

①采用桑叶或嫩桑枝或桑根皮20克，加水适量煎服，日服1～2次，每次2汤匙；

②内服阿司匹林半片，幼兔再减半。

54 如何治疗兔球虫病？（视频13）

这是一种寄生虫病，患兔病初食欲减退，眼结膜苍白，背毛粗乱，排尿次数增多，尾部常有粪便粘挂着。治疗：①用鲜洋葱或韭菜切碎，拌饲料投喂，每日2次；②内服呋喃西林片，日服2次，每次1片，小兔减半，连服3～5天；③采用磺胺类药物兔球灵、氯苯胍等交替服用。

55 兔痢疾如何治疗？

多因吃了潮湿或霉烂的饲料而引起。患兔食欲减退，精神不振，排出的粪便稀薄带有半透明胶状物，气味恶臭。治疗：①内服磺胺脒、小苏打，每日 3 次，每次 0.5 ~1 片；②内服土霉素粉剂，每日每只兔用 0.1 ~0.2 克拌入饲料投喂。

56 兔便秘如何治疗？

主要是饮水不足，青饲料过缺，或饲料过干造成，长期少运动，或发高烧也可致病。患兔饮食不振，甚至废食，排出的粪便粒干硬细小。治疗：①增喂多汁类青料，给足饮水，让兔多活动；②内服植物油，幼兔每只每次 5 毫升，成年兔 15 毫升，加等量的温开水一次灌服。同时施行腹部按摩。

57 常见以流涎为主的兔病有哪些？

溃疡性齿龈炎 兔发病突然，病变局限于齿龈，有红肿、糜烂、溃疡、伪膜等变化，有口臭，用甲硝哒唑治疗有特效。

齿病 病兔想吃又无法进食，口腔内可见畸形齿。得齿槽炎时，局部肿胀、疼痛，甚至流出脓液，有腐败性口臭。

传染性水疱性口炎 病兔流涎程度重，唇、舌、硬腭和其他口腔黏膜潮红，有水疱、糜烂和溃疡，唇、舌坏死者具恶臭。这种病主要发生于 1 ~3 月龄幼兔，死亡率可达 50% 以上。

发霉饲料中毒 病兔口腔内无明显病变，有腹泻、呼吸困难、黏膜发绀、流产、死胎、神经症状等其他中毒表现以及有采食发霉饲料的病史。

有机磷农药中毒 病兔口腔内无明显病变，全身症状严重，伴有抽搐、角弓反张等神经症状以及腹胀、腹泻、结膜发炎等临床表现。有误食喷洒过农药的青绿饲料或误食拌过农药种子的病史。

埃希氏大肠杆菌病 病兔伴有剧烈腹泻、粪中有大量黏液、迅速脱水等症状。病菌主要侵害1~3个月龄幼兔，死亡率高。

坏死杆菌病 病兔口黏膜有坚硬肿块、溃疡和坏死，流出恶臭浓液，躯体其他部位也有类似的坏死灶。

狂犬病 病兔口腔内无明显病变，有明显的神经症状以及被犬或黄鼠狼的咬伤史。

58 常见以腹胀为主的兔病有哪些?

胃扩张 前腹部膨大，叩诊呈鼓音。触诊胃壁紧张而有弹性，结膜发绀，呼吸困难。

胃积食 前腹部膨大，腹部触诊，胃体积增大，似豆形或马蹄形，呈捏粉样硬度或肝样硬度。

毛球病 有消化不良的病史。在前腹部可摸到一个或数个毛球，呈圆形、椭圆形或不规则的长条形。粪中有毛，将粪球串在一起。

肠臌气 腹部膨大，腹壁紧张，难以摸到其他腹腔脏器。结膜发绀，呼吸困难。

盲肠和结肠阻塞 排粪减少或停止。腹部触诊可摸到充满粪便的盲肠和结肠，呈捏粉样硬度或坚实。

腹腔肿瘤 腹部触诊可摸到肿瘤团块。腹胀程度视肿瘤大小而定。一般无明显的消化扰乱症状。

妊娠 母兔有交配史，腹部逐渐增大，母兔的营养状况改善。腹部触诊可摸到多个胎儿。

腹水 腹部冲击触诊有击水声。腹腔穿刺有大量腹水流出。常见于心脏和肝脏疾病，李氏杆菌病和弓形体病。

59 常见以腹泻为主的传染病有哪些？

埃希氏大肠杆菌病 剧烈的水样腹泻，粪便呈黄色或棕色，内含大量黏液。流涎，迅速脱水，眼球凹陷，皮肤弹性降低。主要侵害1~3月龄幼兔，病程短，死亡率高。死亡率随年龄增大而降低。

A型魏氏梭菌病 突然发生剧烈水泻，粪便呈暗红色或黑褐色，内含气泡，具特殊的腥臭味。病兔多在发生腹泻当时或次日死亡。尸检可见盲肠充气，内容物呈黑色水样，盲肠浆膜出血。发病前有饲养管理失误或应激因素的影响。

沙门氏菌病 幼兔以腹泻为主症，粪便呈暗绿色或灰白色水样。成年母兔流产。尸检可见大肠黏膜上粟粒大浅灰白色小结节，被覆一层糠麸样伪膜，肝脏有散在灰白色小坏死斑。

泰泽氏病 发病急，严重水泻，迅速发生脱水，多数在发生腹泻后12~48小时内死亡。尸检可见肝脏肿大，有1~2毫米大的灰色或黄色病灶，心肌有灰白色坏灶。盲肠和结肠水肿、出血。主要侵害6~12周龄的幼兔。

肠型结核病 呈慢性经过。腹泻呈间歇性，伴有咳嗽、结膜苍白和呼吸困难。结核菌素试验呈阳性反应。尸检可见肠系膜淋巴结肿大，有干酪样坏死灶。肠管或其他内脏器官有粟粒样灰白色或黄白色结核结节。

仔兔黄尿病 仔兔吮吸了患乳房炎母兔的乳汁而发病，一般全窝发生，在2~3天内死亡，死亡率高达95%。尸检可见肠黏膜充血和出血，膀胱内充满黄色尿液。有的病兔皮下和内脏器官有大小不等的肿块。

轮状病毒感染 病兔粪便呈水样，无恶臭，单纯的轮状病毒感染多在2~3天内停止腹泻。主要发生于幼兔。

60 伴有腹泻的传染病和寄生虫病有哪些?

伪结核病 病兔逐渐消瘦，常无明显临床症状，部分病兔先发热，便秘，而后出现腹泻。尸检可见内脏器官和淋巴结有粟粒至黄豆大或串状干酪结节。

巴氏杆菌病 病兔早期有鼻液、歪颈、呼吸困难，仅在后期出现腹泻。

绿脓杆菌感染 急性病兔发热、流鼻液、流泪和呼吸困难，亚急性病兔可出现腹泻或皮肤脓肿。

链球菌病 病兔以发热和呼吸困难为主症，呈间歇性腹泻。

克雷伯氏菌病 主要侵害仔兔。病兔粪便呈水样，流鼻液，打喷嚏，发热，呼吸困难。尸检可见肺淤血和水肿，肠黏膜充血和出血。

坏死杆菌病 病兔有典型的坏死性溃疡病灶，带恶臭，仅有部分兔发生腹泻。

兔痘 病兔以发热、结膜炎和皮肤痘疮为主病，仅有部分兔发生腹泻。

衣原体病 主要侵害断乳仔兔。仔兔消瘦，粪便呈水样，迅速死亡。成年兔逐渐消瘦，母兔流产或早产。

61 以流鼻液为主的兔病有哪些?

感冒 病兔有流浆性、黏性或脓性鼻液，全身症状轻微。

巴氏杆菌病 病兔除流鼻液外，还有咳嗽、打喷嚏、鼻塞音、呼吸困难。尸检以纤维素性肺炎和胸腔积脓为特征。

支气管败血波氏杆菌病 仔兔和幼兔为急性病程，全身症状严重，死亡率高。成年兔多为慢性病程，尸检以肺部形成脓疱为特征。

肺炎双球菌感染 成年怀孕兔多发。病兔发热，呼吸困难，结膜发绀，尸检可见肺脓肿和大片出血，肝脂肪变性，阴道和子宫出血。

克雷伯氏菌病 主要侵害仔兔。病兔除流鼻液外，尚有发热、腹泻、打喷嚏等症状。

绿脓杆菌感染 病兔伴有发热、流泪、昏睡、呼吸困难、腹泻等症状，死亡率高。尸检可见肠黏膜出血，肺脓肿（脓液稀薄，呈黄绿色）。

霉形体病 病兔以流鼻液、打喷嚏、呼吸困难为特征，尸检可见肺气肿、水肿和肝变，病变主要在心叶、尖叶、中间叶和膈叶前缘。

李氏杆菌病 幼兔发病呈鼻炎型，全身症状严重，发热，在几小时到两天内死亡。尸检实质脏器有针尖大黄白色或灰白色坏死灶，有大量胸水和腹水，心包积液。

沙门氏菌病 以腹泻和流产为主症，仅有部分病兔流鼻液。

弓形虫病 病兔先出现发热、流鼻涕和流泪等症状，几天后出现共济失调、后躯瘫痪等神经症状。尸检可见实质脏器、肠系膜淋巴结有弥漫性白色粟粒状坏死灶，有大量胸水和腹水。

兔痘 病兔先出现流鼻液、结膜炎和发热，而后皮肤上出现痘疮变化。

葡萄球菌病 病兔以皮下、肌肉和内脏器官形成脓肿为特征，仅有个别病兔出现流鼻液。

溃疡性齿龈炎 病变主要发生在齿龈，病兔后期流出乳白色带恶臭的口液。

血样鼻液

兔病毒性出血症 病兔鼻液呈红色泡沫状，有高度传染性，发病率和死亡率都高，主要侵害2月龄以上的青壮年兔，注射过疫苗的兔不发病。

敌鼠钠盐中毒 病兔有误食毒饵史，鼻液如血样，伴有血尿，粪中带血，血凝时间延长。残剩饲料和胃内容物中可查出敌鼠钠盐。

安妥中毒 病兔有误食毒饵史，呼吸困难，呕吐，咳嗽，流带血的泡沫样鼻液，因窒息迅速死亡。残剩饲料和胃内容物中可查出安妥。

中暑 有炎热季节受日光直射或兔舍闷热(33℃以上)的气候环境。病兔体温和皮温增高，呼吸困难，结膜发绀。从口和鼻中流出红色液体，四肢肌肉间歇性震颤，或作游泳样划动。

鼻出血 病兔多为单侧鼻孔流出鲜红色或暗红色血液，病兔惊恐不安。

62 哪些兔病会有脱(秃)毛现象?

疥螨病 病兔局部脱毛，奇痒，皮肤破损，增厚，结痂，主要侵害头部和掌部短毛部，皮屑检查发现疥螨(兔疥螨和足螨)。

痒螨病 皮肤病变与疥螨病相似，主要侵害耳部，皮屑检查可查出痒螨。

虱病 局部脱毛，有擦伤，体表发现兔虱。

秃毛癣 脱毛区呈圆形，被覆灰白色或黄褐色痂皮，全身有不规则的断毛。病变主要发生于头部及其附近。毛干镜检发现真菌菌丝和孢子。

营养性脱毛 成年兔和老年兔多发此病。病兔皮肤无异常，大腿和肩胛部有断毛，毛茬整齐，似剪刀剪去一样。病料作真菌和螨检查呈阴性。

锌缺乏症 病兔有不明原因的脱(秃)毛，或有皮炎和湿疹样病变。病因为日粮中锌含量不足(正常需要量为30~40毫克/千克饲料)或铜含量过高。

镁缺乏症 病兔生长缓慢，过度兴奋，肌肉痉挛。病因为日粮中镁含量不足(正常需要量为2.5~4.0克/千克饲料)。

B族维生素缺乏症 维生素B_6、泛酸、烟酸、生物素缺乏，病兔都有皮肤粗糙及鳞屑、皮炎和脱毛症状。

脚皮炎 趾部脱毛或有溃疡、痂皮。

湿性皮炎 因流涎、流泪和流鼻液，使其皮肤发炎或脱毛。病兔皮肤湿润，被毛缠结，多发于头部、下颌、颈部和前胸部。

发霉饲料中毒 病兔除中毒症状外，耳后和颈部脱毛。

遗传性脱毛 病兔毛稀少，尤其是头部，死亡率高，有家族性。

季节性换毛 仅发生于成年兔，在春、秋两季发生，皮肤无病变。

妊娠母兔拉毛 母兔分娩前7～8小时及分娩后1～2天有拉毛做窝现象。

63 哪些兔病会有歪颈现象？

巴氏杆菌性中耳炎 触压病兔耳部敏感，外耳道有脓液。尸检鼓室内充满脓液。

兔脑炎微孢子虫病 触压病兔耳根不敏感，有翻滚等异常运动。尸检脑实质内有肉芽肿，脑和肾脏中可发现兔脑炎微孢子虫。

葡萄球菌病 以病兔全身皮下、肌肉或内脏器官形成脓肿为特征，并伴有全身症状。

绿脓杆菌感染 病兔伴有流鼻液、打喷嚏、流泪、呼吸困难、耳下垂和共济失调等症状。尸检鼓室中有黄绿色脓液，靠近耳根的脑实质有脓疱。

耳螨病 病兔外耳及耳道局部脱毛，结痂奇痒，皮屑中查出痒螨。

三氯杀螨醇中毒 曾应用三氯杀螨醇涂擦兔耳廓。病兔除歪颈外，没有其他症状。一般不引起死亡。

维生素A缺乏症 以羞明、流泪、角膜浑浊和溃疡为特征，仅有部分病兔出现歪颈、共济失调等神经症状。

维生素 E 缺乏症 以病兔肌肉无力和萎缩为主症，后期出现歪颈、转圈、共济失调等症状。

李氏杆菌病 幼兔发热，流鼻液。母兔流产，伴有歪颈、斜眼、共济失调等症状。血液中单核细胞比例升高。

链球菌病 兔头歪向右侧，行动时转圈或翻滚。

链霉素中毒 用链霉素剂量过大或使用时间过长。病兔有听力丧失、歪颈、失明等症状。

遗传性歪颈 由脊柱侧弯引起，多数为先天性畸形。

64 兔的瘫痪症有哪几类?

产后瘫痪 发生于产后母兔。多由于饲料中缺钙、连续产仔、产后缺乏日光和足够的运动、兔舍长期过度潮湿或饲料中毒引起，母兔产后遭受到贼风侵袭时最易发生产后瘫痪。临床症状为：轻者病初后肢拖行，行动缓慢，继而后肢发生麻痹，卧地不起，或靠前肢爬行，后肢拖地前进，也有产仔后，四肢或后肢突然发生麻痹，还有时出现子宫脱出或出血症状。

机械性瘫痪 常见的原因有腰荐部砸伤、挤扭伤、吊扭伤等。轻者腰肌、韧带破裂，腰椎椎间盘损伤脱出，都会造成后肢瘫痪；重者可见腰椎断裂或部分断裂、露出脊髓，这种情况常会造成全瘫。瘫痪一般可采取保守疗法，一定要使患兔保持绝对安静。

病理性瘫痪 此类病因很多。其中有中毒性瘫痪，包括饲料中毒和药物中毒等。患球虫病、梅毒、肾病、子宫炎、脊髓炎、脑炎、兔瘟等都可引起不同程度的瘫痪。对于各类原因引起的瘫痪，应根据病因，进行治疗。较常见的瘫疫有以下几种：

①硒缺乏症 病兔以腹泻、心力衰竭和瘫痪为特征。病区的饲料含硒量低于 0.02 毫克/千克。

②球虫病 多发于幼兔。病兔伴有腹泻和消瘦。仅有个别病

兔发生瘫痪。

③弓形虫病　病兔以发热、流鼻液、流泪、共济失调和后躯瘫痪为主症。急性病例常在2~8天内死亡。慢性病兔以肠系膜淋巴结和内脏器官明显肿大及坏死为特征。

④狂犬病　病兔有犬或黄鼠狼咬伤史。症状为流涎，先兴奋后麻痹。

特别提示

在养兔业中，兔的瘫痪症时有发生，并多见于成年兔或产仔母兔。按其瘫痪的类型可大致分为产后瘫痪、机械瘫痪和病理瘫痪。不管什么原因造成的瘫痪，都是一种较顽固的慢性病，其病程都比较长，疗效不太显著，非特殊原因，应尽早淘汰。

65 兔哪些病会有痉挛症状？

胸膜脑炎　病兔高热，有喷射性呕吐，颈部强直或角弓反张，在持续强直性痉挛状态下死亡。

中暑　病因为炎热夏季，处于高温环境中或受烈日照射。病兔体温上升，呼吸困难，结膜发绀，流血样鼻液和四肢痉挛。

钙缺乏症　幼兔胸骨、脊柱和四肢骨畸形。母兔产后瘫痪。

镁缺乏症　病兔有心动过速、生长缓慢、脱毛等症状。

维生素A缺乏症　除眼病变外，部分病兔出现共济失调、肌肉痉挛等症状。

有机磷农药中毒　病兔除有误食染毒饲料病史和其他中毒症状外，先发生肌肉痉挛，共济失调，而后引起麻痹，最后死亡。

痢特灵中毒　病兔有给予过量痢特灵的病史，伴有流涎、四肢无力、全身肌肉阵发性痉挛等症状，迅速死亡。

食盐中毒　病兔有饲喂咸菜、酱渣等含大量盐分饲料的病史。

病兔有流涎、兴奋不安、前冲后退、肌肉痉挛、角弓反张、四肢呈游泳样划动等表现。

急性巴氏杆菌病 突然发病，病兔体温升高到41℃以上，全身颤抖，四肢肌肉痉挛，在1～2天内死亡。

脓毒败血型葡萄球菌病 高热，全身痉挛，皮下、肌肉和内脏器官脓肿。

兔病毒性出血症 病程短，死亡快。症状一般为倒地，全身颤抖，抽搐，尖叫而死。鼻孔流带色的泡沫鼻液。尸检以内脏器官的出血和淤血为特征。

李氏杆菌病 亚急性病兔有咬肌痉挛、全身震颤、歪颈、转圈、共济失调等神经症状。

球虫病 仅有部分出现神经症状的病兔发生肌肉痉挛。

遗传病 具有家族性。病兔伴有痉挛的遗传病，包括麻痹性震颤、致死性肌挛缩、脊髓空洞症、震颤症、共济失调症等。

66 哪些病会致使母兔流产?

机械性流产 有粗暴捕捉或摸胎不当的病史。流产常在粗暴行为后不久发生，无其他症状。

药物性流产 妊娠期使用缩宫药或大量泻药，或采食大量含有雌激素作用物质的植物性饲料，如苜蓿、三叶草等。通常无其他症状。

维生素A缺乏症 以幼兔生长发育迟滞、母兔繁殖力下降以及眼病为主症。

妊娠毒血症 妊娠母兔在产前4～5天发病。病兔以肌肉痉挛、共济失调、呼吸困难为主症，妊娠母兔死亡前发生流产。

维生素E缺乏症 病兔以肌肉无力和萎缩为主症。

中毒病 有误食毒物或染毒饲料的病史及各种毒物中毒的特征症状。

外生殖器感染 母兔阴户周围皮肤和阴道黏膜溃烂，有菜花样溃疡面或大小不一的脓肿，阴道内流出黄白色黏稠脓液。

密螺旋体病 母兔阴唇、肛门皮肤红肿，有小结节、溃疡和痂皮，偶发流产。

沙门氏菌病 母兔伴有发热、腹泻，阴户流出黏脓性分泌物等症状。尸检以肝脏灰白色坏死和结肠糠麸样伪膜为特征。

李氏杆菌病 母兔有明显的神经症状，如歪颈、斜眼、翻滚运动和共济失调等。血液中单核细胞比例增至30%以上。

习惯性流产 找不出任何原因，妊娠后即发生流产。也无其他临床症状。

兔瘟 母兔流产，阴门流血。

特别提示

母兔在妊娠期间要采取综合措施，并有针对性地加以预防。如加强饲养管理，把好饲料质量关，保持兔舍安静和清洁卫生，作好疾病预防，发现有流产前兆的母兔，可肌肉注射黄体酮15毫克保胎，若大批母兔流产时，应及时查明原因，积极采取补救措施。对流产母兔，要加强护理，防止受风寒、惊吓，还可口服有关健胃、助消化和抗菌消炎的药物，以防继发其他疾病。

在实践中，为了减少种兔运输途中的损失，多年以来。我们始终坚持，凡怀孕母兔一律不能运输，以防在途中或刚到目的地，因疲劳或拥挤、搬运等因素造成流产，而且因路途护理不当，多数是母、仔双亡。

67 哪些病会致使兔急性死亡?

急性传染病 病兔病程短，症状不典型，病理变化不明显，早期诊断多数需借助于实验室检查。除进行微生物学检查确定病原外，尚有以下特征。

兔病毒性出血症　最急性病例无任何症状，病兔突然倒地抽搐，尖叫数声，数分钟内死亡，有流血样鼻液，主要侵害青壮年兔。

巴氏杆菌病　败血型病兔在24小时内死亡，个别的不显症状突然倒毙，主要侵害幼兔。

大肠杆菌病　急性病兔在1~2天内死亡。死前剧烈腹泻，粪呈水样且带有大量黏液，主要侵害1~3月龄幼兔。

A型魏氏梭菌病　最急性病例病兔突然发病，几乎不显任何症状，在2~3小时内死亡。病程较长者呈现剧烈水泻，粪呈黑褐色，带腥臭。体质强壮、肥胖的兔发病率高，常在1~3天内死亡。

泰泽氏病　急性病例病兔在10~48小时内死亡，主症为剧烈水泻和脱水。

野兔热　急性病例病兔不显任何症状迅速死亡，主症为鼻炎、发热、浅表淋巴结肿大和化脓。尸检可见淋巴结、肝脏和肾脏有灰白色针尖大至粟粒大的坏死灶。

沙门氏菌病　个别病兔不显症状突然死亡。病兔以发热、腹泻和母兔流产为主症。病菌主要侵害幼兔和怀孕母兔。

中毒性疾病　有误食染毒饲料或用药错误病史，群发，体温不高。残剩饲料和胃内容物中可检出相应的毒物。

亚硝酸盐中毒　多在采食后20分钟到数小时发病。病兔以呼吸困难和耳鼻青紫为特征，常在30分钟到数小时内死亡。

食盐中毒　常在采食后45分钟左右发病。病兔以兴奋不安、前冲后退、肌肉痉挛和意识紊乱为特征，在数小时到1天内死亡。

痢特灵中毒　给予超量药物后不久病兔即出现全身剧烈颤抖，流涎，迅速死亡。

肉毒梭菌毒素中毒　因饲料中有变质鱼粉而引起。急性者在数小时内死亡，死前肌肉弛缓，瘫痪，呼吸困难。

农药中毒 死亡时间以食入的农药量为转移。有机磷农药中毒以流涎、腹痛、腹泻和神经症状为主症。有机氯农药中毒以精神兴奋、共济失调、麻痹为主症。菊酯类农药中毒先发生后肢麻痹，继而四肢全部瘫痪。

中暑 在炎热环境中，病兔以呼吸困难、口鼻流血样带泡沫液体和神经症状为主症，迅速死亡。

仔兔冻死 在寒冷的冬春季节，兔舍气温过低，仔兔因吊乳(仔兔叼住母兔乳头不放)离窝而被冻死。

妊娠毒血症 发生于妊娠后期母兔，散发性发病。病兔以呼吸困难和神经症状为主症。

胃破裂 散发性发病，病兔多在12小时内死亡，尸检可见胃大弯处有破裂口。

胃肠臌气 散发性发病，病兔有腹胀和呼吸困难等症状。

参考文献

谷子林．肉兔饲养技术．北京：中国农业出版社，2004.

王建民，秦长川 编著，肉兔高效养殖新技术．济南：山东科学技术出版社，2002.

陈一夫．世界养兔业发展新趋势[J]．山西农业(畜牧兽医)，2007，(05).

王铁灵．展望2006年中国兔业[J]．北方牧业，2006，(04).

德国培育出超级兔子体大如犬[J]．北方牧业，2007，(02).

唐福坤．对2007年中国兔业的基本判断[J]．北方牧业，2007，(04).

2006年我国兔市行情分析[J]．北京农业，2006，(01).

2006年中国养兔业展望[J]．浙江畜牧兽医，2006，(03).

熊国远，朱秀柏，徐幸莲．家兔肌肉品质的研究现状[J]．中国草食动物，2007，(05).

专家认为养兔业具有良好的发展前景[J]．河南畜牧兽医，1998，(04).

杜玉川．我国兔业现状及持续发展建议[J]．科学种养，2007，(02).

康怀彬．我国兔肉加工发展趋势[J]．科学种养，2007，(02).

王步峰，刘丽颖，吕仁洪，苏明亮，杜丰昌．兔球虫病的诊断与综合防治[J]．现代畜牧兽医，2007，(07).

黄志宁，陈海进．家兔球虫病的防治[J]．畜牧与饲料科学，2007，(02).

吴静花，殷建锋．肉兔腹泻病的防治[J]．农家致富，2006，(08).

刘清华．浅谈肉兔的育肥[J]．河北农业科技，2006，(04)

赵子刚．肉兔饲养饲料配方[J]．农技服务，2006，(02).

郭艳清．肉兔的科学经营[J]．饲料博览，2005，(07).

蔡兴芳．肉兔的养殖技术[J]．农村养殖技术，2006，(14).

游金进．当前肉兔养殖存在的不利因素及改进措施[J]．畜禽业，2006，(24).

“农民致富关键技术问答丛书”(配 VCD 光盘)

1	《优质梨无公害生产关键技术问答》	定价 15 元
2	《优质板栗无公害生产关键技术问答》	定价 15 元
3	《优质草莓无公害生产关键技术问答》	定价 15 元
4	《袖珍西瓜高效益生产关键技术问答》	定价 12 元
5	《甜瓜高效益生产关键技术问答》	定价 15 元
6	《优质苹果无公害生产关键技术问答》	定价 15 元
7	《设施葡萄无公害栽培关键技术问答》	定价 20 元
8	《优质桃无公害生产关键技术问答》	定价 18 元
9	《优质葡萄无公害生产关键技术问答》	定价 18 元
10	《优质鲜枣无公害生产关键技术问答》	定价 18 元
11	《杏扁高产稳产关键技术问答》	定价 6 元
12	《优质李无公害生产关键技术问答》	定价 10 元
13	《优质柿子无公害生产关键技术问答》	定价 15 元
14	《果树苗圃综合经营问答》	定价 15 元
15	《果园综合经营问答》	定价 15 元
16	《棚室樱桃无公害生产关键技术问答》	定价 7 元
17	《优质核桃无公害生产关键技术问答》	定价 15 元
18	《木耳高效益生产关键技术问答》	定价 10 元
19	《香菇高效益生产关键技术问答》	定价 15 元
20	《金针菇高效益生产关键技术》	定价 10 元
21	《草菇高效益生产关键技术问答》	定价 7 元
22	《杏鲍菇高效益生产关键技术问答》	定价 10 元
23	《白灵菇高效益生产关键技术问答》	定价 10 元
24	《双孢蘑菇高效益生产关键技术问答》	定价 15 元
25	《平菇高效益生产关键技术问答》	定价 10 元
26	《黄瓜亩产万元关键技术问答》	定价 15 元
27	《花菜、绿菜花亩产 5000 元关键技术问答》	定价 15 元
28	《南瓜亩产万元关键技术问答》	定价 15 元
29	《西葫芦亩产万元关键技术问答》	定价 15 元
30	《冬瓜丝瓜苦瓜瓠子亩产万元关键技术问答》	定价 15 元
31	《番茄亩产万元关键技术问答》	定价 15 元
32	《辣椒亩产万元关键技术问答》	定价 15 元

33	《棚室茄子亩产万元关键技术问答》	定价 15 元
34	《甘蓝亩产 5000 元关键技术问答》	定价 15 元
35	《生姜高产关键技术问答》	定价 15 元
36	《芦笋无公害生产关键技术问答》	定价 10 元
37	《南美白对虾高效益养殖关键技术问答》	定价 15 元
38	《无公害河虾高效益养殖关键技术问答》	定价 15 元
39	《林蛙高效益养殖关键技术问答》	定价 10 元
40	《无公害养蜂及蜂产品生产关键技术问答》	定价 15 元
41	《快速养猪关键技术问答》	定价 10 元
42	《猪病诊断和防治关键技术问答》	定价 12 元
43	《肉牛快速养殖关键技术问答》	定价 15 元
44	《奶牛无公害高产养殖关键技术问答》	定价 15 元
45	《优质肉羊快速养殖关键技术问答》	定价 10 元
46	《肉兔快速养殖关键技术问答》	定价 12 元
47	《毛用兔高效益养殖关键技术问答》	定价 12 元
48	《獭兔高效益养殖关键技术问答》	定价 12 元
49	《肉鸡高效益养殖关键技术问答 》	定价 15 元
50	《蛋鸡年产 280 枚蛋养殖关键技术问答》	定价 10 元
51	《土鸡高效益养殖关键技术问答》	定价 10 元
52	《鸡病诊断和防治关键技术问答》	定价 10 元
53	《优质肉鸭高效益养殖关键技术问答》	定价 15 元
54	《蛋鸭 500 日龄产 300 枚蛋养殖关键技术问答》	定价 10 元
55	《番鸭快速养殖关键技术问答》	定价 10 元
56	《鸭病诊断和防治关键技术问答》	定价 12 元
57	《鹅高效益养殖关键技术问答》	定价 15 元
58	《鹌鹑快速养殖关键技术问答 》	定价 10 元
59	《甲鱼高效益养殖关键技术问答》	定价 9 元
60	《河蟹高效益养殖关键技术问答》	定价 15 元
61	《池塘高效益养鱼关键技术问答》	定价 12 元
62	《棚室建造与管理知识问答》	定价 12 元
63	《农家观光园高效益经营知识问答》	定价 6 元
64	《棚室蔬菜病虫害防治关键技术问答》	定价 15 元
65	《农药科学使用知识问答》	定价 10 元